# Die neuen elektrischen Lokomotiven der Veltlinbahn

von

BÉLA VALATIN, Budapest.

Sonderabdruck

aus

**Elektrische Bahnen und Betriebe.**

**Zeitschrift für Verkehrs- und Transportwesen.**

HERAUSGEBER: WILHELM KÜBLER,

Professor an der Kgl. technischen Hochschule zu Dresden.

**München** und **Berlin.**

Druck und Verlag von R. Oldenbourg.

**1905.**

Sonderabdruck aus „Elektrische Bahnen u. Betriebe" 1905, Heft 1, 2, 5, 6, 8.
Herausgegeben von Prof. Wilhelm Kübler in Dresden-A.

# Die neuen elektrischen Lokomotiven der Veltlinbahn.

Von Béla Valatin, Budapest. (Mit Tafel II, IV, V, IX.)

Gleich nach der Übergabe der Veltlinbahn an den öffentlichen Betrieb, noch im Herbste des Jahres 1902, hat die Bahngesellschaft beschlossen, außer den zuerst gelieferten zehn Motorwagen und zwei Lokomotiven weitere drei Lokomotiven zur Beförderung großer Zugseinheiten, sowohl in Personen- als Frachtzügen, zu beschaffen. Mit der Eröffnung des elektrischen Betriebes hat sich nämlich die Anzahl der Züge derart vermehrt, daß das angeschaffte Rollmaterial sich zur Abwicklung des Verkehrs ungenügend erwies. Anderseits hatte man sich zur Anschaffung der neuen Lokomotiven auch deshalb entschlossen, um für die bevorstehende Elektrisierung der Hauptlinie Mailand—Lecco Vorstudien für die Lokomotivtype machen zu können.

In der Ausschreibung wurden für die neuen Lokomotiven folgende Bedingungen gestellt:

Die Lokomotiven sollen für zwei Hauptgeschwindigkeiten gebaut sein, von denen die höhere zwischen 60 und 70, die kleinere zwischen 30 und 35 km pro Stunde liegen soll. Die Lokomotiven sollen durch Drehstrommotoren bei 3000 Volt und dem Puls 15 betrieben werden, die die Achsen der Lokomotiven ohne Zahnradübersetzung antreiben und imstande sind, am Radumfange der Treibräder der Lokomotiven normal eine konstante Zugkraft von 3,5 bei der größeren und ebenfalls normal 6 t bei der kleineren Geschwindigkeit auszuüben.

Ferner sollen die Lokomotiven imstande sein, einen Zug von 400 t auf einer Steigung von 1 ‰ in 55 Sekunden

Fig. 1. Die neue Veltlinbahnlokomotive von Ganz & Co.

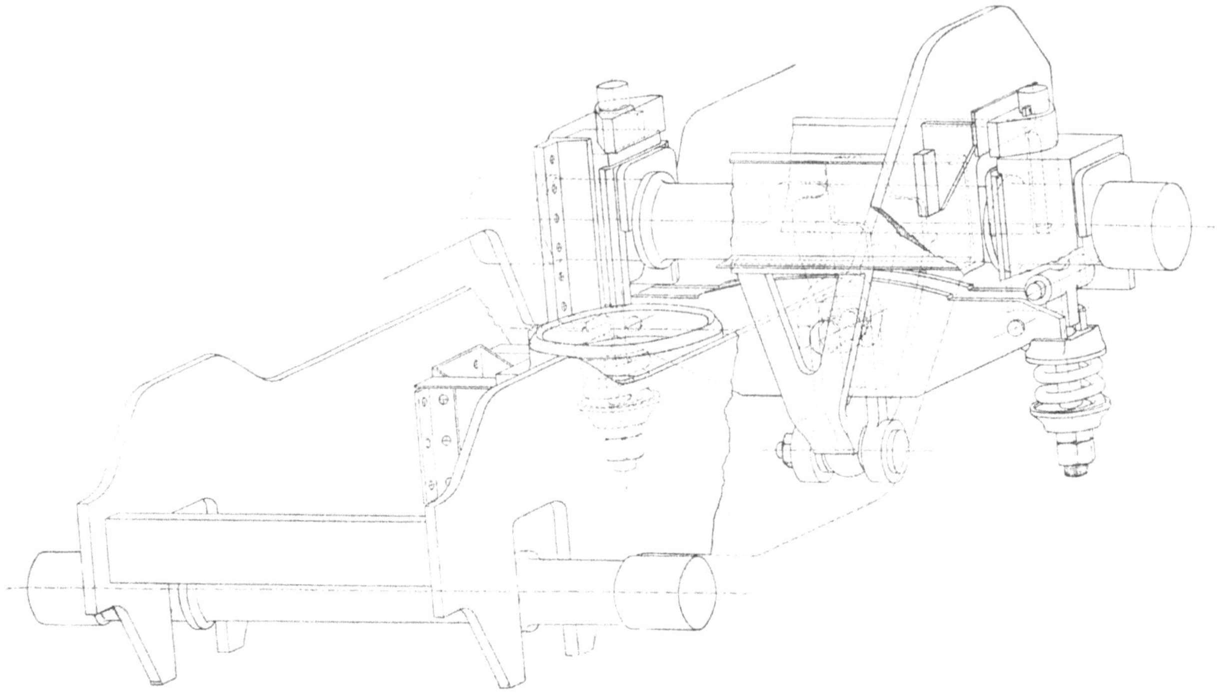

Fig. 2. Drehgestell der neuen Veltlinbahnlokomotive.

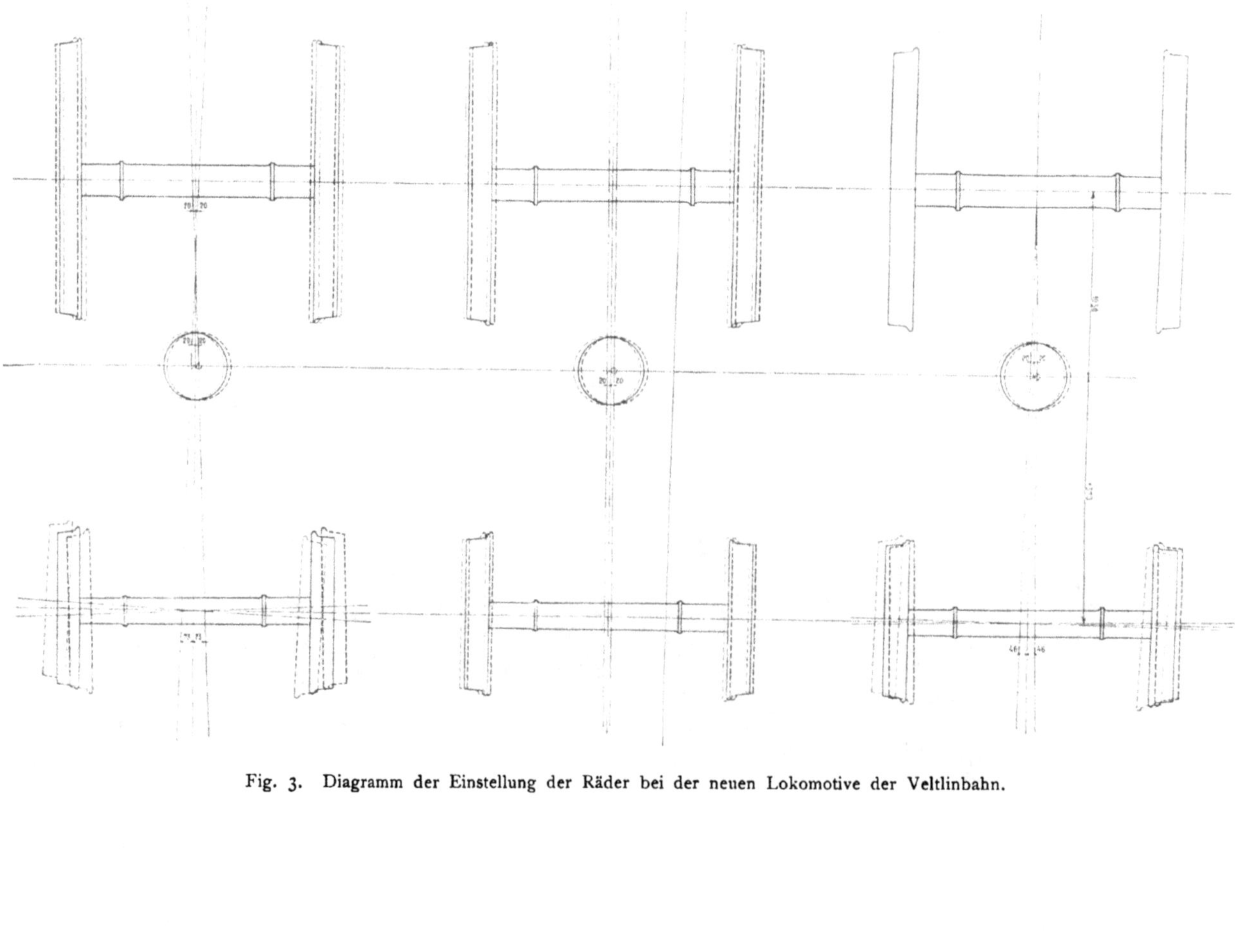

Fig. 3. Diagramm der Einstellung der Räder bei der neuen Lokomotive der Veltlinbahn.

von 0 auf 30 km Geschwindigkeit zu beschleunigen oder einen Zug von 250 t Gewicht auf derselben Steigung in 110 Sekunden von 0 auf eine Geschwindigkeit von 60 km pro Stunde. Diesen Beschleunigungen entsprechen ungefähr anderthalb so große Zugkräfte wie die oben angegebenen normalen. Diese Versuche sollen auch dann durchgeführt werden können, wenn die Spannung von 3000 Volt bis 2700 Volt heruntersinkt. Die Lokomotive soll außerdem imstande sein, mit einem 250 t schweren Zug auch auf einer Steigung von 20 ‰ anzufahren.

Die Motoren und elektrischen Apparate der Lokomotive sollen so konstruiert sein, daß sie in Intervallen von 2 Minuten ein dreißigmaliges Anlassen eines Zuges von 400 t bis auf 30 km Geschwindigkeit bei einer Steigung von 3 ‰ ohne übermäßige Erwärmung aushalten können.

Die Motoren sollen ferner so bemessen sein, daß sie auf einem ortsfesten Prüfgestell 10 Stunden bei beiden Geschwindigkeiten mit der oben angegebenen Normalbelastung laufen können, ohne daß die Temperatur irgend eines Teiles auf mehr als 60° C steigt. Die Motoren sollen ferner imstande sein, ohne größere Erwärmung als 40° C eine 100 %ige Überlastung 200 Sekunden und eine 50 %ige Überlastung eine Stunde lang auszuhalten.

## Die Type der Lokomotiven.

Auf Grund der eingereichten Offerte wurde die Bestellung auf drei solcher Lokomotiven der Firma Ganz & Co., Budapest, übertragen. Diese Firma hat ursprünglich eine vierachsige Lokomotive angeboten und die Bestellung auf eine solche auch erhalten, bei der die Motoren mit den Achsen der Lokomotive ähnlich gekuppelt gewesen wären wie bei den übrigen Veltlinfahrzeugen, die bis heute anstandslos und vollkommen befriedigend arbeiten. Es sollten zwei der Motoren Hochspannungsmotoren, die zwei anderen Niederspannungsmotoren sein und diese nur bei der Kaskadenschaltung mit arbeiten.

Den Eisenbahningenieuren war die koachsiale Anordnung der Motoren trotz ihrer Vorteile nicht sympathisch; sie hat ja allerdings den Nachteil, daß bei jeder Reparatur im Innern des Motors die Räder von der Welle abgepreßt werden müssen. Der Antrieb durch Zahnräder kam infolge der damit bei diesen großen Leistungen ver-

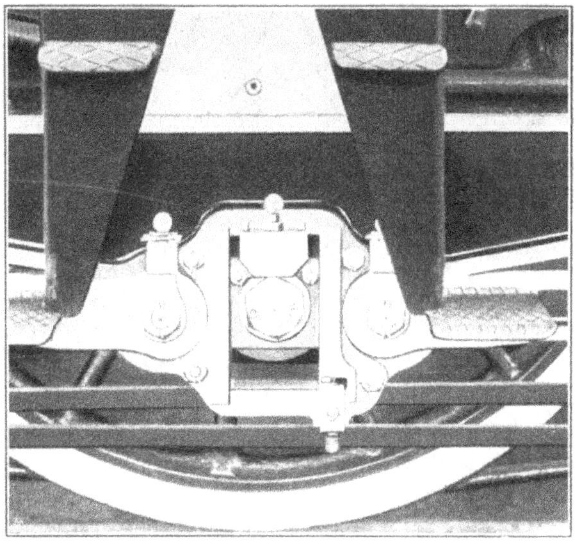

Fig. 4. Vertikal frei bewegliches Lager der Triebstange der neuen Veltlinbahnlokomotive.

bundenen Nachteile nicht in Betracht. Die Idee einer neuen Lösung wurde beinahe gleichzeitig durch die Ingenieure der Rete Adriatica und Herrn Karl Gölsdorf, Oberbaurat im österreichischen Eisenbahnministerium, anläßlich eines österreichischen Projektes aufgeworfen und dann nach Angabe der Ingenieure der Rete Adriatica durch die Firma Ganz & Co. und die Maschinenfabrik der Kgl. Ungarischen Staatseisenbahnen, die den mechanischen Teil der Lokomotiven gebaut hat, durchgearbeitet und ausgeführt. Der elektrische Teil der Lokomotive ist von dem Direktorstellvertreter von Ganz & Co., Koloman von Kandó, angegeben worden.

Die neue Lösung ist aus Fig. 1 (Photographie der Lokomotive) und Fig. 5 (schematische Zeichnung) ersichtlich. Sie besteht darin, daß die Motoren, obwohl sie dieselbe Drehzahl besitzen wie die Treibräder, nicht mehr direkt gekuppelt, sondern zwischen je zwei Treibräder in den Lokomotivrahmen eingebaut sind und die Räder

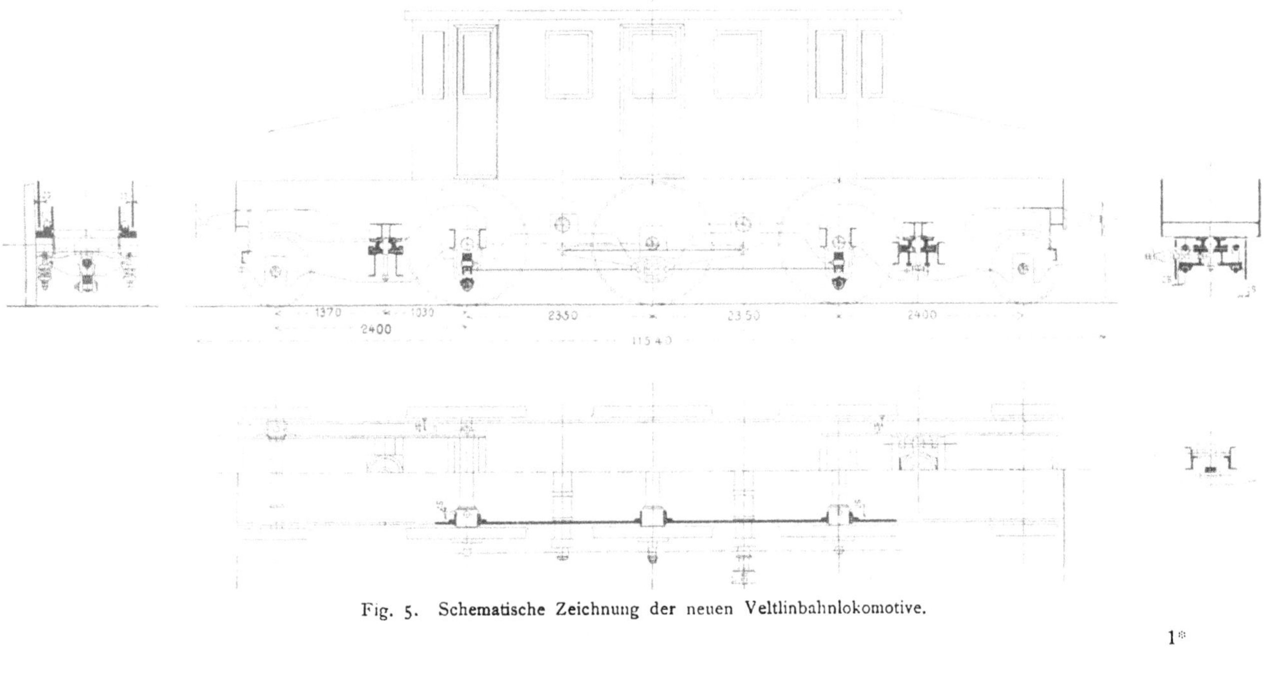

Fig. 5. Schematische Zeichnung der neuen Veltlinbahnlokomotive.

mittels Kurbeln und Kuppelstangen antreiben. Die Motoren sind auf diese Weise jederzeit leicht herausnehmbar und auswechselbar.

Wie aus Fig. 5 ersichtlich, ist die Lokomotive fünfachsig (drei Triebachsen in der Mitte, vorn und hinten je eine Laufachse) gebaut. Die Lokomotive kann sich in beiden Richtungen mit voller Geschwindigkeit bewegen und ist mit zwei Führerständen versehen; ihr Gesamtdienstgewicht beträgt 62 t, das Adhäsionsgewicht 42 t. Die Länge der Lokomotive beträgt zwischen den Pufferenden 11 540 mm, der Radstand zwischen je zwei Treibrädern 2350 mm, der Radstand zwischen Triebrad und Laufrad 2400 mm. Der Durchmesser der Triebräder ist 1500 mm, der der Laufräder 850 mm.

### Das Triebwerk.

Die Lokomotive wird mittels zweier Zwillingsmotoren angetrieben, deren Konstruktion später im einzelnen beschrieben wird. Die zwischen je zwei Triebrädern angeordneten Motoren treiben mittels Kurbeln von 320 mm Radius an. Die Kurbeln sind mit einer Triebstange verbunden, die in ihrer Mitte ein drittes Lager trägt, das mit der Kurbel des mittleren Triebrades verbunden ist. Dieses Lager hat eine eigenartige Konstruktion, die aus Fig. 4 ersichtlich ist, und erlaubt vertikal eine freie Bewegung zwischen Kurbel und Triebstange, den Stößen entsprechend, die das Rad erhält. Auf den zwei Seiten dieses Lagers besitzt die Triebstange zwei Zapfen, die in den Enden der Kuppelstangen gelagert sind, mit denen die Kurbeln der zwei anderen Triebräder verbunden sind. Durch diese übrigens patentierte Anordnung ist erreicht, daß, trotzdem die Motorwellen sich nicht in demselben Niveau befinden wie die Triebwellen, keine vertikalen Kräfte auftreten, die den Druck auf die Schienen erhöhen oder vermindern. Auf den zwei Seiten der Lokomotive sind die Kurbeln mit einer Winkelverschiebung von 90° angeordnet, damit ein toter Punkt des Mechanismus vermieden wird.

Im übrigen werden aber durch die Anwendung dieses Mechanismus in der Lokomotive nicht etwa dieselben störenden Wirkungen hervorgebracht wie beim Triebwerk der Dampflokomotive. Die zwei Anordnungen sind grundverschieden, da hier die sich ungleichförmig bewegenden Bestandteile (Kolben, Kolbenstange, Triebstange der Dampfmaschine) gänzlich wegfallen und jeder Punkt des Mechanismus nur eine gleichförmige Kreisbewegung macht, bei der eine Ausgleichung durch Gegengewichte in vollkommener Weise erreicht werden kann.

Die Ausgleichsgewichte sind am Umfang der Radsterne der Triebräder angegossen, bei den Motoren an die Kurbeln angeschraubt.

Fig. 30. Doppelmotor der neuen Veltlinlokomotiven von Ganz & Co. (vgl. Tafel II).

### Das Lokomotivuntergestell.

Das Untergestell der Lokomotive besteht aus zwei Stahlblechhauptträgern, die durch angenietete Querträger zusammengehalten werden. Es ist nur die mittlere Triebachse fest im Gestell gelagert, die zwei anderen sind seitlich mit je 25 mm verschiebbar. Das Untergestell ruht auf zwei Drehschemeln, um die sich zwei speziell konstruierte Drehgestelle bewegen können. Das eine Drehgestell ist seitlich verschiebbar. Die Drehgestelle hängen mit dem nächstliegenden, seitlich verschiebbaren Triebrade konstruktiv zusammen. Die Konstruktion ist aus dem in Fig. 2 dargestellten axonometrischen Bilde zu entnehmen.

Der eigentliche feste Radstand der Lokomotive ist die Entfernung der mittleren Triebachse vom Drehpunkt des festen Drehgestells. Diese Konstruktion wurde bereits bei Dampflokomotiven der Rete Adriatica verwendet, und zwar mit dem besten Erfolg. Bei dem seitlich verschiebbaren Untergestell muß der Drehschemel selbst, ebenso wie bei den amerikanischen Untergestellkonstruktionen, die die seitliche Verschiebung bremsende Federkraft bewältigen. Bei dieser Konstruktion geschieht außerdem die Übertragung des Gewichtes auf die Lager des Untergestelles durch den Drehschemel und durch die Seitenträger des Untergestelles, was auch ein Vorteil anderen Konstruktionen gegenüber ist, bei denen die Laufachsen radial einstellbar sind, denn diese Konstruktion sichert die Verteilung der Belastung auf die vier Lager.

In Fig. 3 sind die Räder des seitlich verschiebbaren Untergestelles in den verschiedenen Stellungen gezeichnet, die auf einer Strecke mit Krümmungen vorkommen können.

### Die Motoren.

Die Lokomotive hat zwei Motoren, deren Photographie aus Fig. 30 und deren Zusammenstellungszeichnung auf Tafel II abgebildet ist. Beide sind gleich und sind Zwillingsmotoren, indem sie einen Hochspannungsmotor mit einem Niederspannungsmotor vereinigen, welch letzterer nur bei Kaskadenschaltung, daher bei der kleineren Geschwindigkeit benutzt wird. Über die Leistungen der Motoren geben die auf Seite 4, Heft 1 erwähnten Bedingungen Aufschluß; es sei hier nur erwähnt, daß bei den Abnahmeversuchen die Motoren auch das Doppelte ihrer normalen Zugkraft bei einem Spannungsabfalle von 25 bis 30% wiederholt geleistet haben. Sowohl die Hochspannungs- als auch die Niederspannungs-Motorhälften sind achtpolig, die Motorgruppe hat daher bei Einmotorschaltung eine synchrone Drehzahl von 225, bei Kaskadenschaltung 112,5 pro Minute. Die Normalgeschwindigkeit der Lokomotive beträgt 64 km bei Einmotor- und 32 km bei Kaskadenschaltung.

Die Wicklungen des Laufs beider Motorhälften sind in getrennte, nach außen gerippte Stahlgußgehäuse eingebaut, die durch einen Stahlgußkranz in der Mitte zusammengehalten werden. Der Durchmesser des äußeren Kranzes beträgt 2000 mm, ist aber mit Rücksicht auf den Fußboden des Führerstandes oben, wegen der nächsten Treibachsen seitwärts und wegen der durch die Eisenbahnnormalien angegebenen Minimalhöhe zwischen Schienenoberkante und untersten Konstruktionsteilen unten abgeschnitten, an dieser Stelle sogar so weit, daß ein Teil der Motorbleche abgeschnitten wird und dieser Teil des Laufs mit anormalen Nuten versehen und daher auch anormal gewickelt ist. Die Wicklungen sind durch eine metallische Hülse vollkommen abgeschlossen und gegen das Eindringen von Feuchtigkeit und Öl geschützt.

Da die Welle des Motors mit den an beiden Enden sich befindenden Kurbeln aus einem Stück angefertigt ist, besteht die Nabe des Motors aus zwei Teilen, die zusammengeschraubt sind. Die Läuferwicklungen sind auf diese Nabe in der Weise aufgebaut, daß die eine Wicklung noch eine besondere Nabe hat, so daß der Rotor des Niederspannungsmotors getrennt gewickelt werden kann und erst im fertigen Zustande auf die entsprechende Hälfte der Hauptnabe aufgezogen wird.

Die Hochspannung wird nur dem Lauf der größeren Motorhälfte zugeführt, die Wicklungen des zweiten Laufes sowie jene des Läufers sind Niederspannungswicklungen für 400 Volt. Die Hochspannungswicklungen werden mit 15000 Volt, die Niederspannungswicklungen mit 1200 Volt geprüft. Die Einführung in die Hochspannungswicklungen geschieht durch spezielle Isolatoren, wobei für einen hermetischen Verschluß gesorgt ist. Die Wicklungen der zwei Läufer sind untereinander direkt verbunden und ebenso wie die der Läufe durch metallische Kappen geschützt. Die Verbindung mit den Schleifringen geschieht durch die Welle, zu der die Verbindungskabel durch ein mit der Nabe zusammengegossenes, geschlossenes Rohr geführt werden.

Jeder Motor hat vier Lager. Die zwei inneren Lager sind mit dem Lauf durch angeschraubte Stahlgußlagerschilder zusammengebaut und dienen dazu, die Lage des Läufers dem Lauf gegenüber zu sichern, namentlich auch mit Rücksicht auf den kleinen Luftweg des Drehstrommotors. Wie aus der Zeichnung (Tafel II) ersichtlich, nehmen weder diese Lagerschilder, noch die Lager von der Breite der Motorenwicklung etwas weg, so daß die Breite des Motors nicht verringert und der durch die Längsträger der Lokomotive gegebene Raum voll ausgenutzt wird. Dadurch, daß diese Lager an den Läufen befestigt sind, bilden die Motoren ein ganzes Stück, und es ist möglich, sie, ohne sie auseinander zu nehmen, von der Lokomotive abzumontieren.

Die zwei äußeren Lager der Motoren sind in den Lokomotivrahmen montiert und dienen dazu, die Motoren daselbst zu befestigen. Der ganze Motor ist auf vier Hängebolzen federnd aufgehängt. Die Federung ist notwendig, trotzdem die Lager in den Rahmen starr befestigt sind, um die durch die Massenwirkung der Triebstangen verursachten und die Motoren drehenden Stöße aufzunehmen. Die Details des inneren Motorenlagers sind aus der Tafel ersichtlich. Diese Lager sind Ringschmierlager mit einem Schmierring in der Mitte, der mit einer Rolle geführt wird; seitlich werden die Lager durch Abstreifvorrichtungen gegen das Austreten des Öls geschützt.

Die Stahlwelle des Motors ist mit den gegenseitigen Kurbeln aus einem Stück angefertigt und ist zum Zwecke der Führung der Kabel, die die Schleifringe mit den Läuferwicklungen verbinden, ausgebohrt. In einer durch Patent geschützten Anordnung sind die Schleifringe nicht innerhalb des Motors, sondern außerhalb des Lokomotivrahmens und des Triebwerkes angeordnet und an einer Gegenkurbel befestigt. Dementsprechend wird letztere sowie auch die entsprechende Kurbel ausgebohrt, um die Kabelverbindungen durchführen zu können. Zu einem Doppelmotor gehören nur drei Schleifringe, denn die zwei Läufer sind dauernd verbunden; diese Schleifringe werden auch nur dann benutzt, wenn der Hochspannungsmotor allein arbeitet, bei Kaskadenschaltung braucht man die Schleifringe überhaupt nicht.

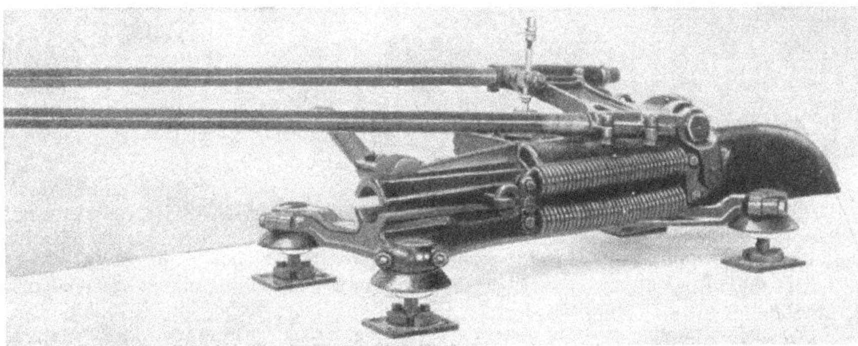

Fig. 87. Untergestell des Stromabnehmers der neuen elektrischen Lokomotiven der Veltlinbahn.

Die Bürstenhalter sind in einem, vom Lokomotivgestell herunterhängenden, schmiedeisernen Kasten angebracht, der die Gegenkurbel umgibt. Der Kasten ist zweiteilig und um Scharniere leicht zu öffnen, so daß die Bürsten jederzeit leicht zugänglich sind. Als Bürsten werden Kohlebürsten verwendet.

## Elektrische Apparate.

Tafel IV stellt das elektrische Schaltungsschema der Lokomotive dar. Tafel V gibt ein Schema der Luftrohrverbindungen.

Alle zur Stromabnahme sowie zur Betätigung der Motoren dienenden Apparate werden von einer Stelle aus mittels Druckluft betätigt, und zwar die Stromabnehmervorrichtung mittels des sog. Trolleyventils, die Apparate durch den pneumatischen Führerschalter.

### Stromabnehmer.

Die Lokomotive ist mit Stromabnehmern desselben Systems versehen, das bei den übrigen Fahrzeugen der Veltlinbahn verwendet wurde; es werden also zwei Stromabnehmer-Walzenpaare angewendet, die den zwei Fahrtrichtungen entsprechend abwechselnd arbeiten. Das

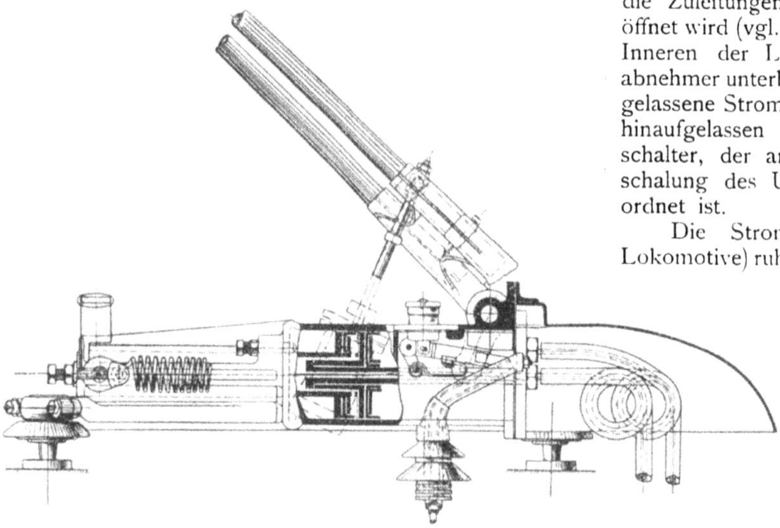

Fig. 88. Untergestell des Stromabnehmers der neuen elektrischen Lokomotiven der Veltlinbahn.

Untergestell des Stromabnehmers unterscheidet sich in seinen Einzelheiten von der alten Konstruktion, wie dies aus Fig. 87 (Photographie des Stromabnehmer-Untergestells) und Fig. 88 (schematischer Längsschnitt des Stromabnehmers) ersichtlich ist.

Die Stromabnehmerwalzen werden auch mittels Druckluft, die in die Zylinder des Untergestells geführt wird, an die Oberleitung gedrückt; zur Abdämpfung der Stöße beim Aufheben und Herunterlassen des Stromabnehmers dient ein Glyzerinkatarakt. Bei seiner Konstruktion wurde die Erfahrung verwertet, die im Betriebe der Veltlinbahn gewonnen worden ist, daß der Stromabnehmer dann am besten arbeitet, wenn er mit einem der Fahrgeschwindigkeit entsprechenden Druck an die Oberleitung gedrückt wird. Den gewählten zwei Hauptgeschwindigkeiten von 64 und 32 km pro Stunde entsprechend sind zwei Abstufungen vorgesehen. Der Luftzylinder besitzt einen doppelten Kolben. Bei Einschaltung des Stromabnehmerventils wird entsprechend der kleineren Geschwindigkeit Druckluft nur der Fläche des Hauptkolbens zugeführt. Wenn man nun mit dem Fahrschalter auf die größere Geschwindigkeit umschaltet, wird gleichzeitig auch der Fläche des Hilfskolbens Druckluft durch die durchbohrte Kolbenstange zugeführt, der nun die Feder des Stromabnehmers noch mehr spannt und einen größeren Druck auf die Leitungen veranlaßt. Die Stromabnehmer werden bei der kleineren Geschwindigkeit mit 6,5 kg, bei der größeren mit 8,5 kg angedrückt.

Eine weitere Neuerung bei den Stromabnehmern dieser Lokomotiven ist, daß beim Herunterlassen ein in die Zuleitungen geschalteter Ausschalter selbsttätig geöffnet wird (vgl. Tafel IV), wodurch die Verbindung mit dem Inneren der Lokomotive sowie auch mit dem Stromabnehmer unterbrochen wird. Infolgedessen ist der heruntergelassene Stromabnehmer stromlos, auch wenn der andere hinaufgelassen ist. Der Ausschalter ist ein Messerausschalter, der am Dach der Lokomotive unter der Verschalung des Untergestelles des Stromabnehmers angeordnet ist.

Die Stromabnehmeruntergestelle (vier Stück pro Lokomotive) ruhen auf vier Spezialhochspannungsisolatoren (Fig. 89). Diese bestehen aus gußeisernen Glocken mit schmiedeisernen Befestigungsbolzen. Der Bolzen ist von der Glocke mit drei Isolierschichten (und zwar Stabilit, Porzellan und Stabilit) getrennt.

### Regulierventil des Stromabnehmers.

Es sind zwei Ventile vorhanden: das eine wird unmittelbar betätigt, indem durch die Stellung des Ventilhebels Luft zum Hauptkolben des Luftzylinders hinein- oder hinausgelassen werden kann, das andere ist für die Hilfskolben bestimmt, und durch die Stellung des Ventilhebels werden nur die entsprechenden Verbindungen mit der Rohrleitung hergestellt. Das Einlassen der Luft für die Hilfskolben besorgt der Fahrschalter. Fig. 90 zeigt die Photographie des Regulierventils. Oberhalb jeden Führerstandes ist ein Hebel, durch den das Regulierventil betätigt werden kann. Wenn dieser Hebel mit 45⁰ nach der Mitte der Lokomotive gedreht wird, wird jener Stromabnehmer gehoben, der sich über dem betreffenden Führerstande befindet; wird der Hebel mit 45⁰ nach der Außenseite gedreht, so geht der andere Stromabnehmer hinauf. Ist der Hebel nach abwärts gerichtet, dann sind beide Stromabnehmer heruntergelassen; hat der Hebel eine wagerechte Lage, so sind beide Stromabnehmer gehoben.

Mit dem Stromabnehmer-Regulierventil ist auch bei diesen Lokomotiven ein Sicherheitsschlüssel verbunden, der sämtliche Hochspannungsapparate schließt und nur dann herausgenommen werden kann, wenn beide Stromabnehmer heruntergelassen sind.

### Elektrische Ausrüstung zwischen Stromabnehmer und Primärschalter.

Die Hochspannungssicherungen, Blitzschutzvorrichtung, Drosselspulen und Abzweigungskasten sind auf der

Fig. 89. Spezialhochspannungsisolatoren für das Untergestell des Stromabnehmers der neuen Veltlinlokomotive von Ganz & Co.

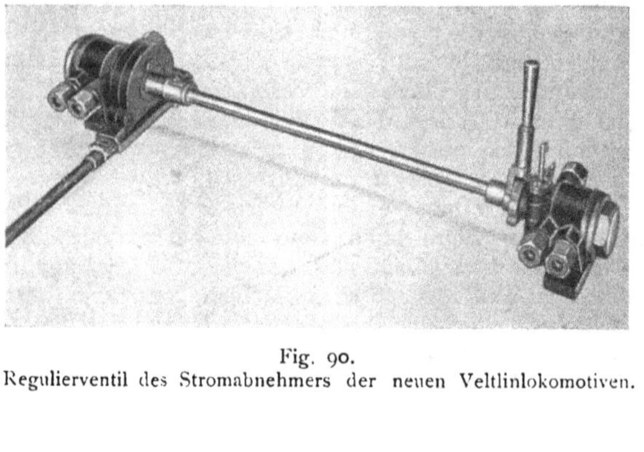

Fig. 90. Regulierventil des Stromabnehmers der neuen Veltlinlokomotiven.

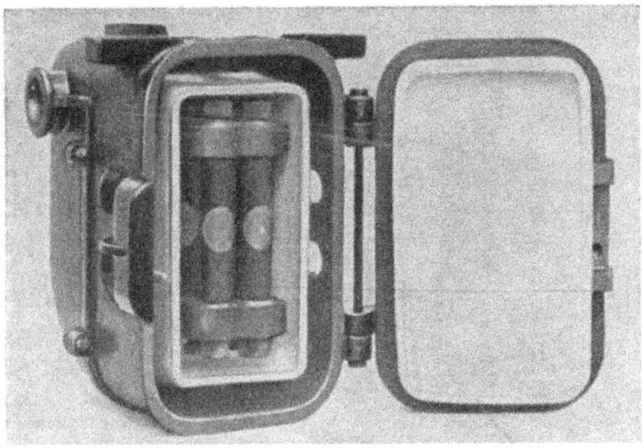

Fig. 91. Hochspannungshauptsicherungskasten der neuen Veltlinlokomotiven von Ganz & Co., Budapest.

unteren Seite des Führerhausdaches befestigt, wie dies aus Fig. 93 ersichtlich ist. Der Strom wird vom Stromabnehmer durch entsprechende Hochspannungseinführungen in das Innere des Führerhauses geleitet, und zwar zuerst zu dem Hochspannungs-Hauptsicherungskasten (Fig. 91). Auf jeder Lokomotive sind solche einpolige Hauptsicherungen vorhanden. Die Kasten sind geschlossen, die Sicherungen in Porzellan gebettet. Die Patronen sind aus vier zylindrischen Rohrpatronen zusammengebaut. Die Sicherungen bestehen aus mehreren parallelen Silberdrähten.

Hinter den Sicherungen sind die von den zwei Stromabnehmern kommenden Leitungen miteinander verbunden, und von der Verbindungsleitung ist die Hochspannungs-Blitzschutzvorrichtung (Fig. 92) abgezweigt. Diese besteht aus einer Reihe von Zinkwalzen, die sich in einem

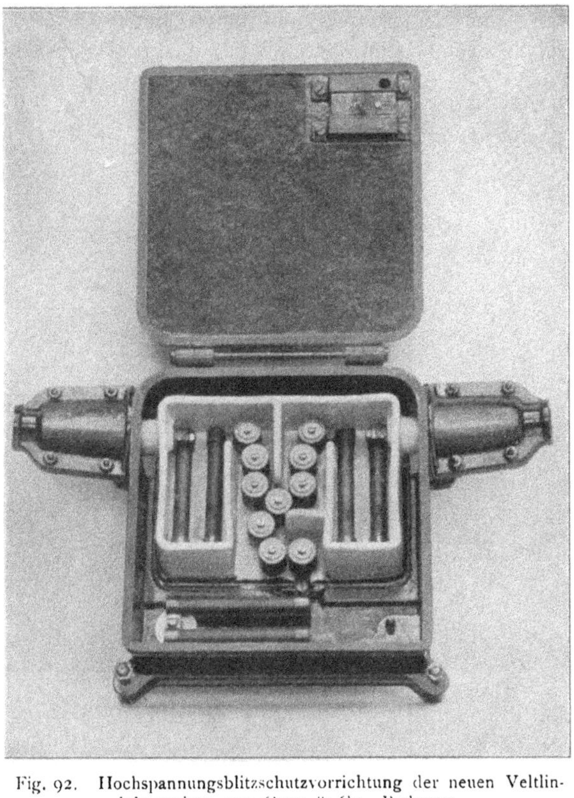

Fig. 92. Hochspannungsblitzschutzvorrichtung der neuen Veltlinlokomotiven von Ganz & Co., Budapest.

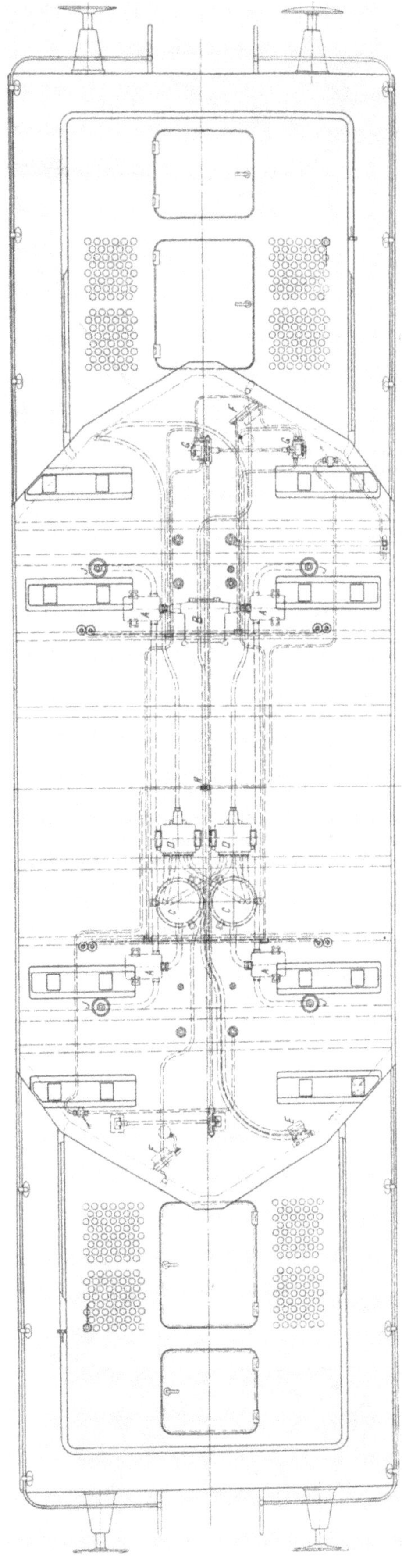

Fig. 93. Anordnung der Apparate am Dache des Führerhauses der neuen Lokomotiven der Veltlinbahn

*A* Hauptsicherungskasten (vgl. Fig. 91). *C* Drosselspule (vgl. Fig. 94). *E* Transformatorsicherungskasten (vgl. Fig. 96). *G* Regulierventil des Stromabnehmers (vgl. Fig. 90). *J* Kabeleinführung zum Stromabnehmer-Untergestell (vgl. Fig. 88).
*B* Blitzschutzvorrichtung (vgl. Fig. 92). *D* Abzweigungskasten (vgl. Fig. 95). *F* Meßinstrumente. *H* Luftpfeife.

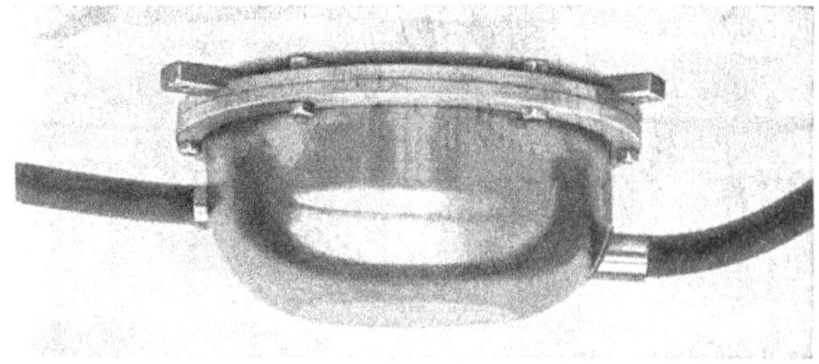

Fig. 94. Drosselspule der neuen Lokomotiven der Veltlinbahn von Ganz & Co., Budapest.

geschlossenen Kasten befinden. Die Zinkwalzen sind in Stern geschaltet; zwei Endwalzen sind mit den Hauptleitungen verbunden, an die sich die Stromabnehmer anschließen; die dritte Endwalze ist durch einen Graphitwiderstand geerdet; der ganze Apparat ist in ein Porzellanstück montiert.

Die zwei Hauptleitungen führen dann durch je eine Drosselspule (Fig. 94) zu den zwei Hauptabzweigkasten (Fig. 95), aus denen je vier Abzweigungen herauskommen; zwei führen zu den Primärschaltern und zwei zu den Reduktionstransformatoren, die u. a. auch die Luftpumpe mit Strom versehen, von denen aber vorläufig nur einer aufgestellt ist. Diese Leitungen führen auch durch den zweipoligen Sicherungskasten für diesen Transformator (Fig. 96). Alle Hochspannungsleitungen sind auch bei diesen Lokomotiven in Metallröhren geführt, die sorgfältigst geerdet sind.

### Druckluftfahrschalter.

Durch die an beiden Enden der Lokomotive angebrachten Druckluftfahrschalter werden sämtliche Schalt- und Regulierapparate der Motoren betätigt, und zwar die zwei Primärschalter, der Geschwindigkeitsumschalter (Kontroller) und die zwei Wasserwiderstände samt Kurzschließer. Diesbezüglich sind nur zwei Lokomotiven einander gleich; die dritte wurde versuchsweise anstatt mit Wasserwiderständen mit metallischen Widerständen ausgeführt; ihre Apparate werden später besonders beschrieben werden.

Der Druckluftfahrschalter (Fig. 97, 98 u. 101) ist eine Kombination von Ventilen. Er besitzt drei Hebel, die verschiedene Funktionen haben und miteinander zwangläufig verbunden sind. Der Haupthebel $A$ — gleichzeitig

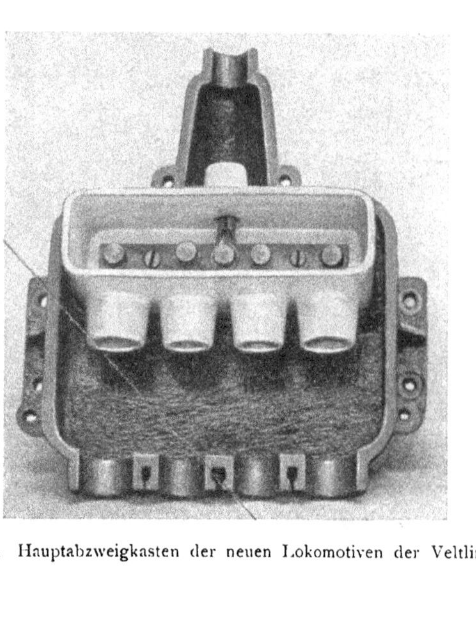

Fig. 95. Hauptabzweigkasten der neuen Lokomotiven der Veltlinbahn.

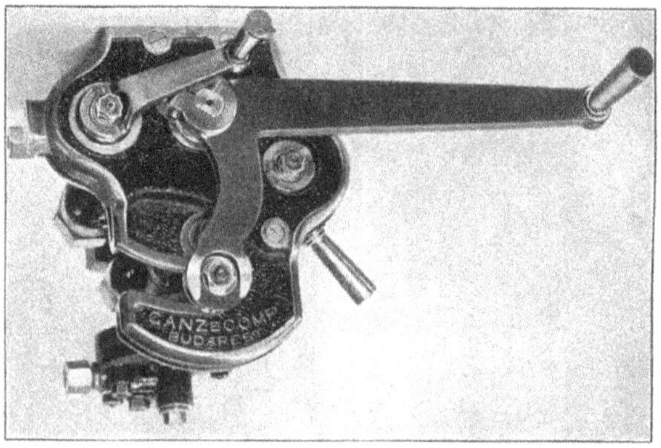

Fig. 97. Pneumatischer Führerschalter (Grundriß) der neuen Lokomotiven der Veltlinbahn.

der Anlaßhebel — dient zur Betätigung des Anlaß- und Regulierventils. Beim Stillstand steht der Anlaßhebel senkrecht zur Längsachse der Lokomotive. Beim Anlassen zieht der Lokomotivführer den Anlaßhebel zu sich; der Hebel kommt nach Beschreibung eines gewissen Winkels in die erste Stellung, bei der er mittels einer Kulisse ($B$) bereits das Anlaßventil ($C$) verdreht und dadurch Druckluft zum Primärschalter und zu den Rheostatschaltköpfen läßt. Dadurch werden die Primärschalter eingeschaltet und die Rheostatköpfe in einen Zustand gebracht, bei dem die Einschaltung noch nicht erfolgt, aber die Wirkung des Regulierventils bereits vorbereitet ist.

Wenn der Lokomotivführer den Hebel noch weiter bewegt, wird das Regulierventil ($D$) betätigt, und es erfolgt die Einschaltung des Wasserwiderstandes. Auf der Welle des Anlaßhebels ist ein Exzenter ($D_1$) angebracht, das bei der Weiterdrehung des Hebels eine Feder ($D_2$) zusammendrückt, die ihrerseits auf eine Membrane ($D_3$) wirkt. Durch die Ausbiegung der Membran wird nun ein Ventil ($D_4$) geöffnet und durch dieses Luft in den entsprechenden Raum des Rheostatkopfes ($D_5$) zugelassen,

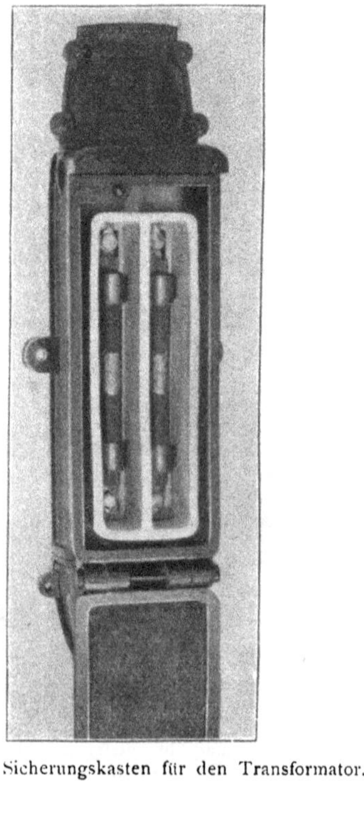

Fig. 96. Sicherungskasten für den Transformator.

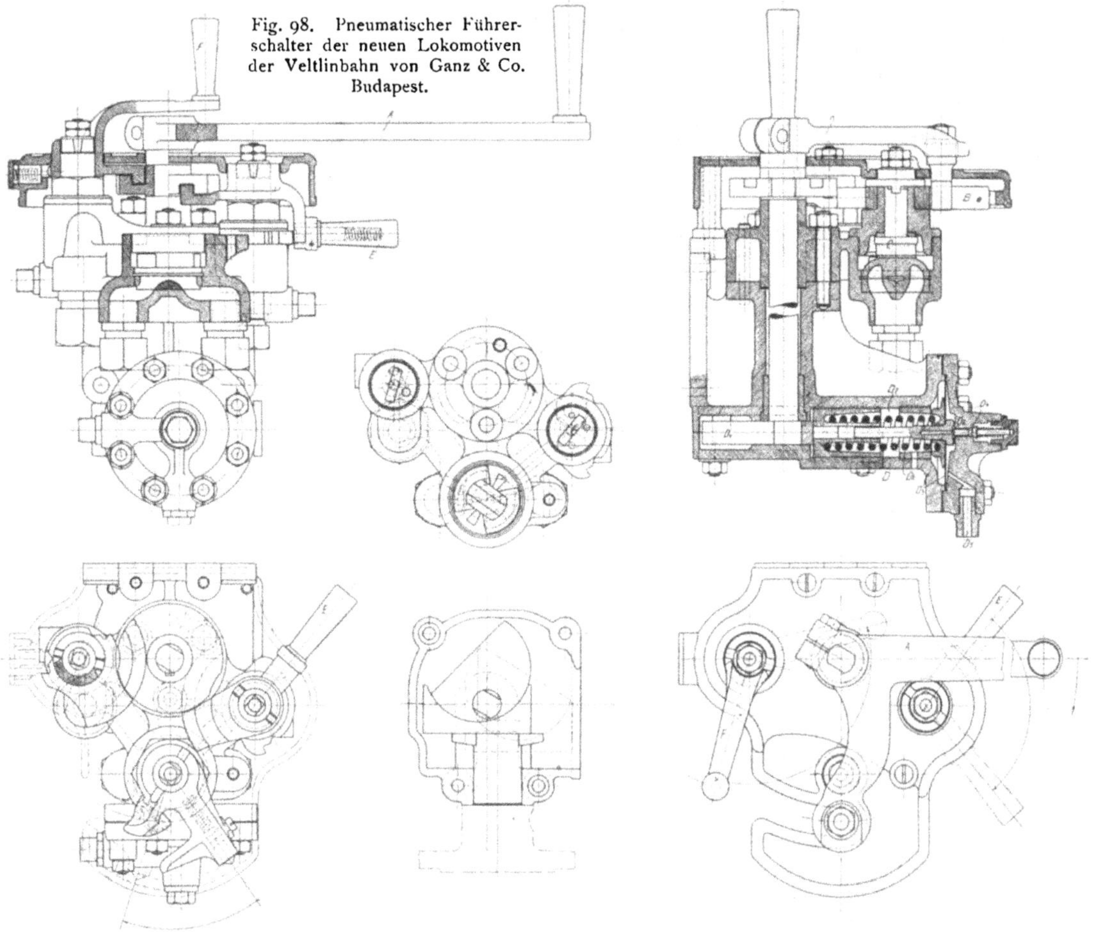

Fig. 98. Pneumatischer Führerschalter der neuen Lokomotiven der Veltlinbahn von Ganz & Co. Budapest.

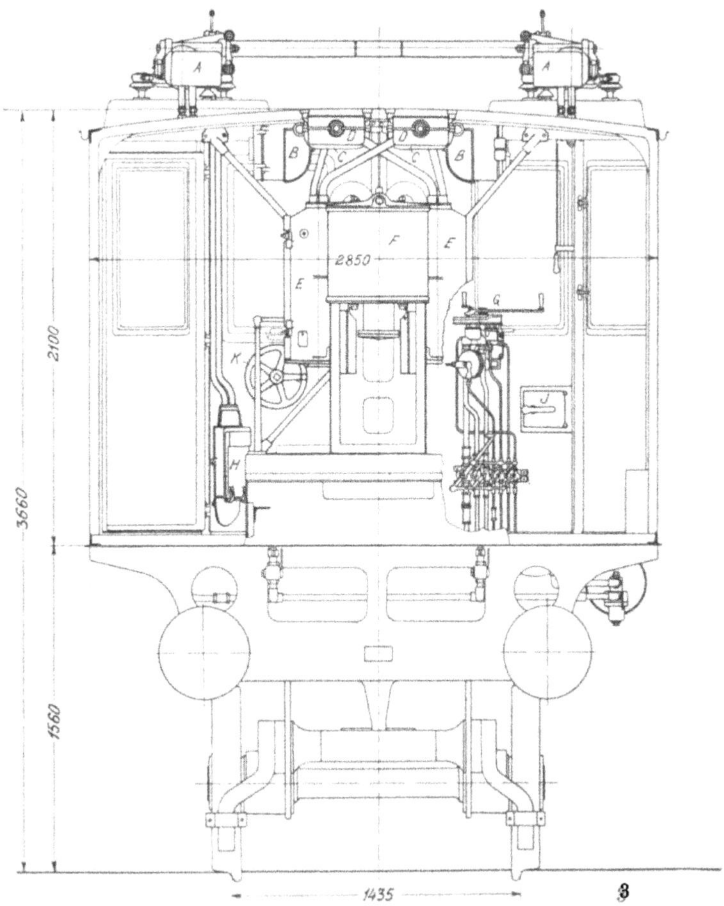


Fig. 99.

Anordnung der Apparate am Führerstand der neuen Lokomotiven der Veltlinbahn von Ganz & Co., Budapest.

*A* Stromabnehmer-Untergestell (vgl. Fig. 87 u. 88).
*B* Hochspannungs-Hauptsicherungskasten (vgl. Fig. 91).
*C* Drosselspule (vgl. Fig. 94).
*D* Hauptabzweigkasten (vgl. Fig. 95).
*E* Primärschalter (s. Heft 6).
*F* Geschwindigkeitsumschalter (s. Heft 6).
*G* Pneumatischer Führerschalter (vgl. Fig. 97 u. 98).
*H* Transformatorsicherungskasten (vgl. Fig. 96).
*J* Handumschalter für den Luftpumpenmotor.
*K* Handbremse.

Fig. 100. Führerstand der neuen Veltlinlokomotiven von Ganz & Co., Budapest.

*A* Strommesser.
*G* Schutzgeländer.
*H* Anfahrkurbel (vgl. Fig. 97, 98 u. 101).
*M* Luftdruckmesser.
*R* Gehäuse für den Reglerkopf des Widerstandes (s. Heft 6).
*S* Sandstreuer.
*Sch* Handschalter für die Luftpumpe.
$U_1$ Hauptumschalter für die Luftleitungen.
$U_2$ Umschalthebel zum Abschalten einer Motorgruppe.
*V* Spannungsmesser.
*W* Westinghouse-Bremse.

so lange, bis der Druck der Luft genügt, um die Federkraft ins Gleichgewicht zu bringen, die Membran in die ursprüngliche Lage zurückzudrücken und die Lufteinströmung einzustellen. Jeder auf diese Weise in den Differentialraum der Membran des Rheostatkopfes zugelassenen Luftmenge entspricht, infolge der Konstruktion des Rheostatkopfes, eine andere Anlaßstromstärke. Je weiter der Anlaßhebel gedreht wird, desto mehr komprimierte Luft ist notwendig, um die Membran zurückzudrücken, und um so mehr Luft strömt zum Rheostat und um so größer wird die Anlaßstromstärke. Es entspricht daher jeder Stellung des Anlaßhebels eine gewisse, konstante Anlaßstromstärke, daher eine konstante Zugkraft, die der Lokomotivführer am Stromzeiger beobachten und dementsprechend regeln kann.

Beim Ausschalten wird der Anlaßhebel in der entgegengesetzten Richtung gedreht, das Exzenter geht zurück, die Membran wird durch den Luftdruck in die entgegengesetzte Richtung gedrückt, und es öffnet sich ein Ventil ($D_6$), das eine Verbindung zwischen dem Raume der Differentialmembranen im Rheostatkopfe und der freien Luft (durch den Raum $D_7$) herstellt. Durch die Weiterdrehung des Anlaßhebels wird auch das Anlaßventil ausgeschaltet und dadurch auch die Wasserwiderstände und die Primärschalter.

Der zweite, kürzere Hebel ($E$), der sich unter dem Anlaßhebel befindet, dient zur Umsteuerung und betätigt das entsprechende Ventil. Die vorwärts gerichtete Lage des Hebels entspricht der Fahrtrichtung nach vorwärts, die Richtung nach dem Innern der Lokomotive der nach rückwärts. Das Regulierventil hat zwei Öffnungen, die mit den entsprechenden Seiten des Primärschalter-Luftkolbens verbunden sind, und je nach der Stellung des Regulierventils werden diese Öffnungen entweder mit dem Luftbehälter oder mit der freien Luft verbunden.

Der dritte Hebel ($F$) links vom Anlaßhebel betätigt die Geschwindigkeitsumschaltung. Dieser Hebel steht gewöhnlich in der Richtung nach dem Innern der Lokomotive, und dieser Stellung entspricht die Kaskadenschaltung der Motoren. Wird der Hebel nach auswärts gedreht, so wird der Geschwindigkeitsumschalter durch Druckluft auf die große Geschwindigkeit, also auf Einmotorenschaltung umgeschaltet. Das mit diesem Hebel verbundene Geschwindigkeitsregulierventil hat daher nur zwei Stellungen: bei der einen ist das Rohr, das vom Geschwindigkeitsumschalter kommt, mit der freien Luft verbunden; bei der zweiten mit dem Behälter.

Die einzelnen Hebel sind miteinander zwangsläufig so verbunden, daß der Umsteuerhebel und der Geschwindigkeitsregulierhebel nur dann bewegt werden können, wenn der Anlaßhebel in der Anfangsstellung steht, daher sowohl der Primärschalter, als auch der Widerstand ausgeschaltet sind. Anderseits kann der Anlaßhebel nur dann bewegt werden, wenn die zwei anderen Hebel in einer ihrer Endstellungen stehen.

Da zwei Druckluftfahrschalter auf der Lokomotive sind, ist dafür Sorge zu tragen, daß diese nicht gleichzeitig benutzt werden können. Wie aus Fig. 99 und 100 (Zeichnung der Anordnung der Apparate auf dem Führerstande und Photographie des Führerstandes) ersichtlich ist, sind unter dem Führerschalter sieben Umschalthähne in den zum Schalter führenden sieben Luftleitungen angeordnet, die gleichzeitig mit einem einzigen Hebel betätigt werden können. Aus Taf. V ist ersichtlich, welche Rohrverbindungen den zwei Stellungen dieses Hebels entsprechen. Demgemäß bekommt der pneumatische Fahrschalter die komprimierte Luft vom Behälter durch die Umschalthähne des anderen Führerstandes. Wenn beide Gruppen Umschalthähne auf Fahrt gestellt wären, könnte keiner vom Behälter Luft bekommen. Der pneumatische Fahrschalter kann daher nur dann in Tätigkeit gesetzt werden, wenn die Zuführungshähne des anderen geschlossen sind.

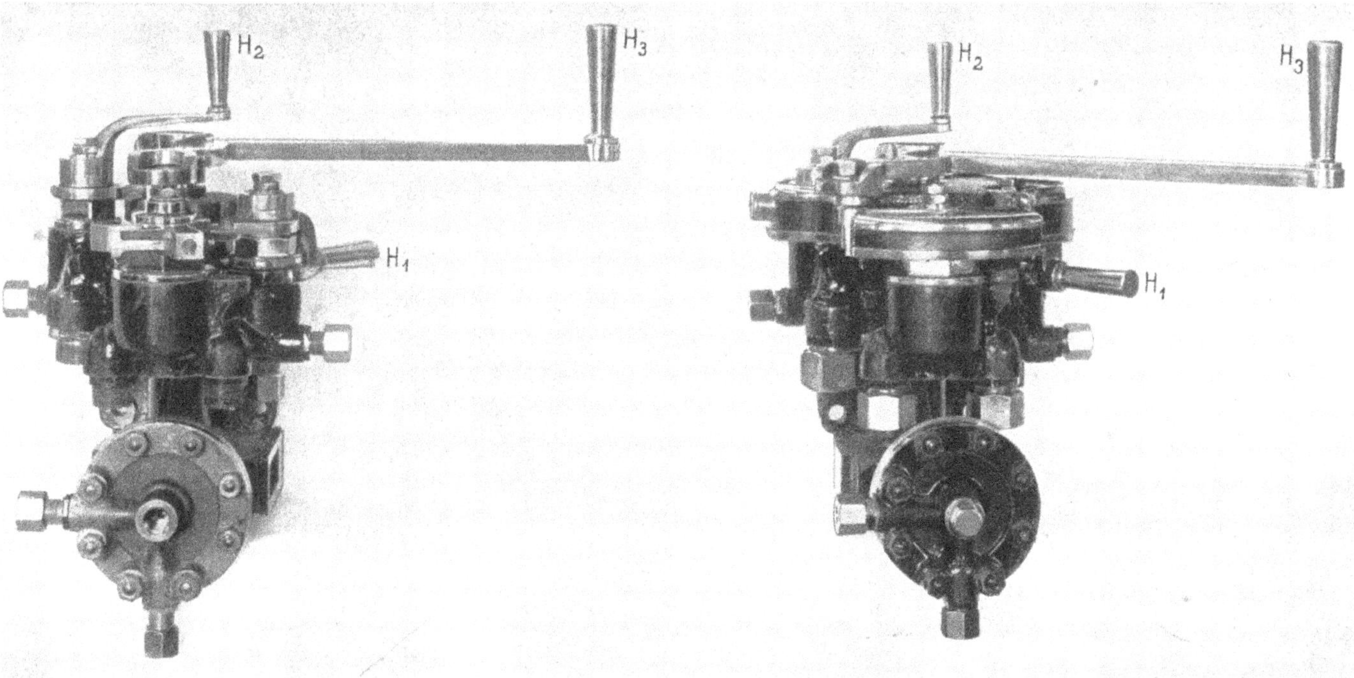


Fig. 101. Pneumatischer Führerschalter der neuen Veltlinlokomotiven von Ganz & Co. $H_1$ Umsteuerhebel. $H_2$ Geschwindigkeitsschalthebel. $H_3$ Anfahrhebel.

### Primärschalter.

Jede Motorgruppe hat einen besonderen Primärschalter. Die zwei Primärschalter sind an einem gemeinsamen Gestell in der Mitte des Führerhauses aufgestellt (siehe Fig. 106 und 107). Sie sind nach demselben Prinzip konstruiert wie die Primärschalter der übrigen Veltlinfahrzeuge und gehören zur trockenen Pistontype. Wie aus den Fig. 108 und 109 ersichtlich ist, sind einige Konstruktionsdetails geändert, wie z. B. die Isolatoren. Die Schalter werden durchwegs sowohl für das Einschalten, als auch für das Umsteuern durch Druckluft betätigt. Das Einschalten geschieht in der Weise, daß der Teller, der die Kontaktkerzen hält, mittels komprimierter Luft gehoben wird, die durch das Anlaßventil des Führerschalters zugelassen wird.

Die Unterbrechung erfolgt pro Phase an zwei Stellen. Das Umsteuern kann nur bei ausgeschaltetem Primärschalter erfolgen und wird in der Weise bewerkstelligt, daß der Teller mit den Kontaktkerzen um einen Winkel von 60° gedreht wird. Diesem Zwecke dienen zwei Kolben (siehe Fig. 111), die mit dem Umsteuerventil des Druckluftfahrschalters verbunden sind; je nachdem der eine oder der andere Kolben mit dem Behälter oder mit der freien Luft verbunden ist, nimmt der Teller die eine oder die andere Stellung an.

### Geschwindigkeitsumschalter.

Der Geschwindigkeitsumschalter dient dazu, beide Zwillingsmotoren in Kaskade oder einfach zu schalten. Aus Fig. 110 und den Tafeln IV und V (Heft 5) ist die Konstruktion dieses Apparates ersichtlich. Auf einer Achse sind die Kontaktbürsten, die die zwei verschiedenen leitenden Verbindungen herstellen, angebracht, und diese Achse kann in vertikaler Richtung verschoben werden. Sie endet in einem Doppelkolben eines Luftzylinders, dessen obere kleine Fläche ständig mit dem Luftbehälter in Verbindung steht, so daß der Luftdruck den Apparat gewöhnlich in der unteren Stellung, die der Kaskadenschaltung entspricht, hält. Die untere größere Fläche des Kolbens steht durch das Geschwindigkeitsregulierventil des Druckluftfahrschalters mit der freien Luft in Verbindung. Wenn nun der Hebel des Fahrschalters auf die große Geschwindigkeit gestellt wird, strömt durch das Geschwindigkeitsregulierventil Druckluft in den unteren Teil des Zylinders, und infolge der größeren Druckfläche wird die Achse des Apparates nach aufwärts bewegt und die Einfachschaltung hergestellt.

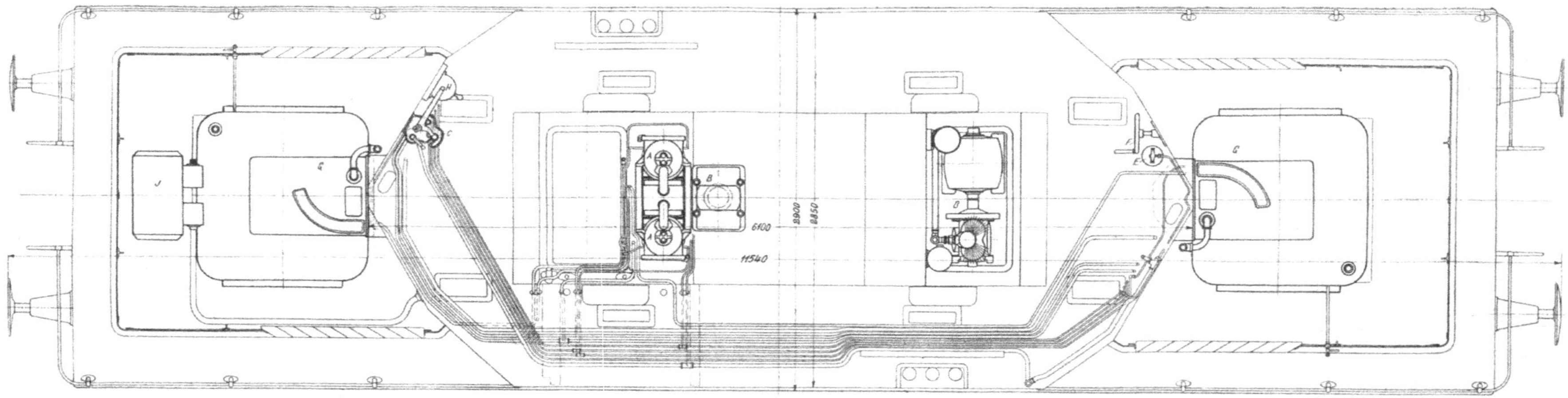

Fig. 106. Grundriß der neuen Lokomotive der Veltlinbahn von Ganz & Co., Budapest.

*A* Primärschalter. *B* Geschwindigkeitsumschalter. *C* Pneumatischer Führerschalter. *D* Luftpumpe. *E* Handluftpumpe. *F* Handbremse. *G* Wasserwiderstand. *H* Handumschalter zum Luftpumpenmotor. *J* Transformator.

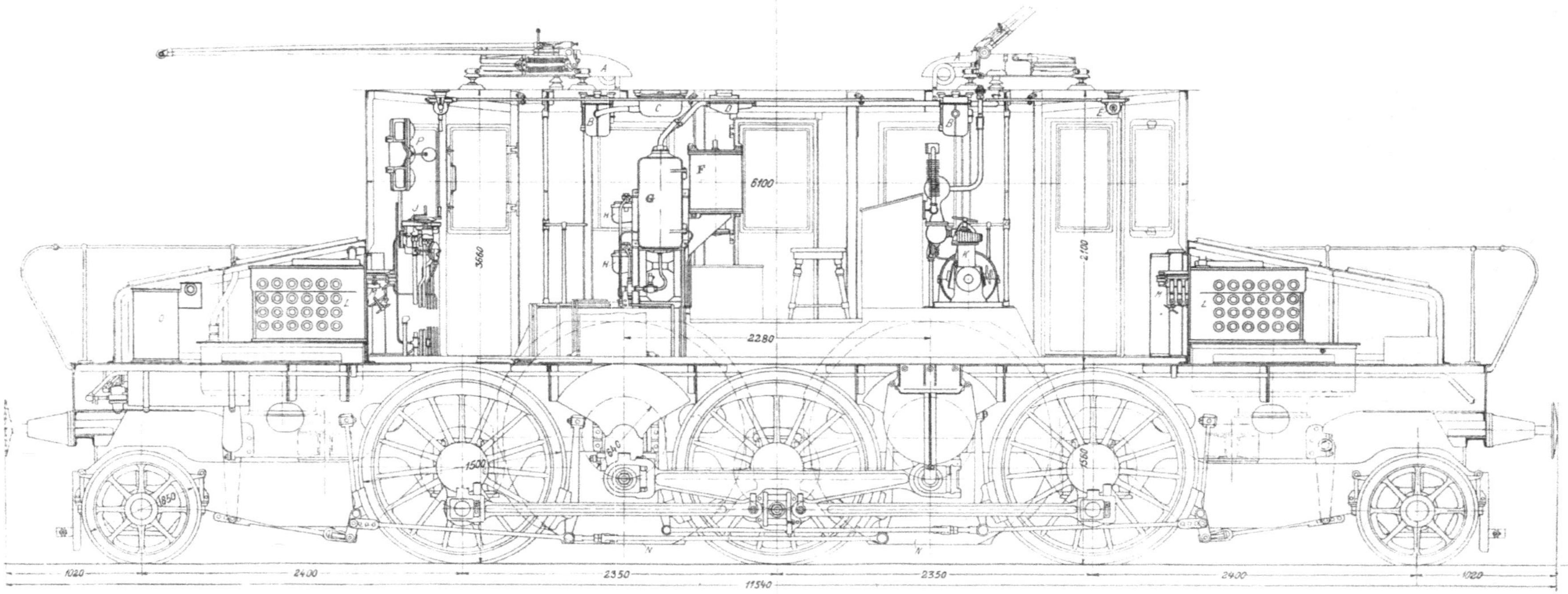

Fig. 107. Seitenansicht der neuen elektrischen Lokomotiven der Veltlinbahn von Ganz & Co.

*A* Stromabnehmer-Untergestell. *B* Hauptsicherung. *C* Drosselspule. *D* Abzweigungskasten. *E* Regulierventil des Stromabnehmers. *F* Geschwindigkeitsumschalter. *G* Primärschalter. *H* Maximalausschalterrelais. *J* Pneumatischer Führerschalter. *K* Luftpumpe. *L* Wasserwiderstand. *M* Rheostatkopf. *N* Motor. *O* Transformator. *P* Meßinstrumente.

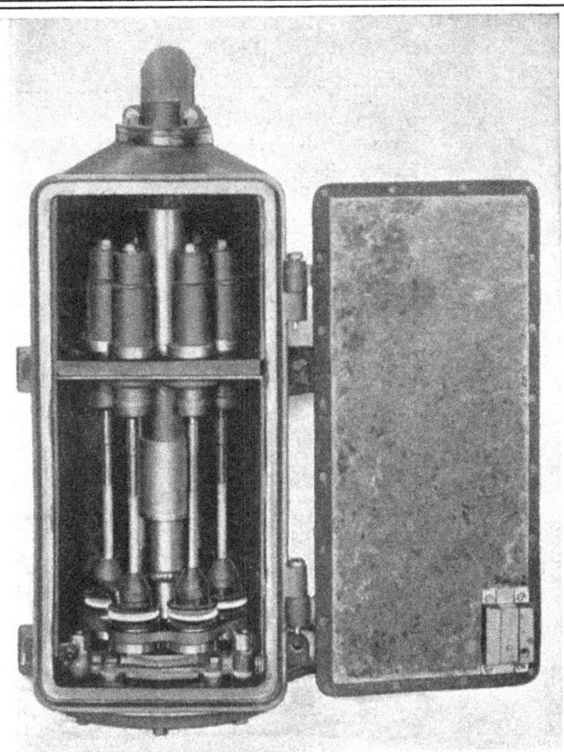

Fig. 108. Hochspannungsschalter der neuen elektrischen Lokomotiven der Veltlinbahn von Ganz & Co.

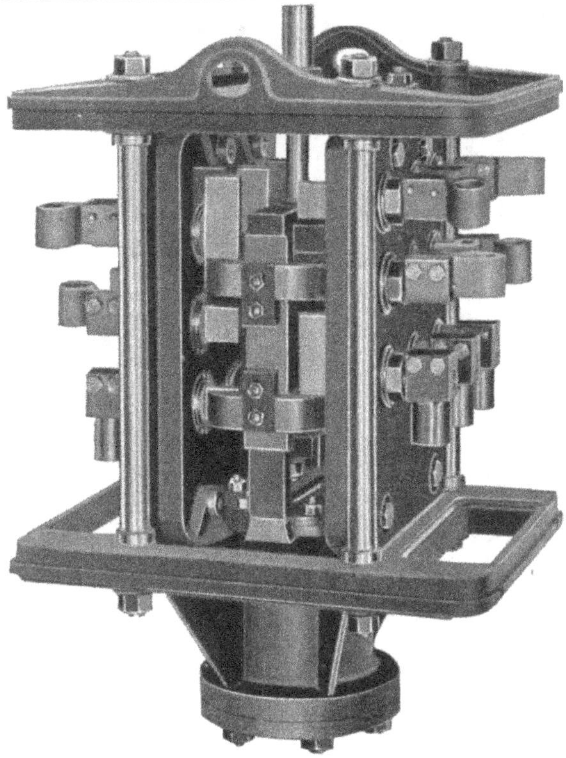

Fig. 110. Geschwindigkeitsumschalter der neuen elektrischen Veltlinlokomotiven.

Da der entsprechende Hebel des pneumatischen Fahrschalters nur dann bewegt werden kann, wenn der Anlaßhebel in O-Stellung steht, kann der Geschwindigkeitsumschalter nur in stromlosem Zustande betätigt werden.

Wasserwiderstand.

Zu jedem Zwillingsmotor gehört ein Wasseranlaßwiderstand, der ähnlich konstruiert ist, wie der der übrigen Veltlin-Fahrzeuge. Im wesentlichen besteht er aus einem zweiteiligen Gefäß, in dessen einem Teil drei Gruppen von Rheostatblechen hängen. Im ausgeschalteten Zustand berührt das Wasser die Bleche nicht. Wenn der Rheostat eingeschaltet wird, wird in die andere, durch das Wasser kommunizierende Abteilung des Rheostatraumes Druckluft hineingelassen, und das Wasser hebt sich nun in dem Raume, in dem sich die Bleche befinden; je mehr Luft man einströmen läßt, eine desto größere Fläche der Bleche kommt mit dem Wasser in Berührung, bis endlich der Widerstand sein Minimum erreicht. Am Ende dieses Vorganges schnappt dann ein Kurzschließer ein.

Fig. 109. Isolatoren des Hochspannungsschalters der neuen elektrischen Veltlinlokomotiven von Ganz & Co.

Die konstruktive Ausführung dieses Rheostates zeigt gegenüber den bisherigen Konstruktionen einige Abweichungen. Aus Fig. 113 ist die Konstruktion des Gefäßes, aus Fig. 115 die allgemeine Anordnung ersichtlich. Das Ventilgehäuse, das die Regulierung der einströmenden Luft besorgt, ist gänzlich abgesondert, die Beschreibung dieses sog. Rheostatkopfes folgt später. Der auf die Ventile des Rheostatkopfes wirkende Schwimmer befindet sich ebenfalls in einem abgesonderten Raume. Die Bleche hängen in dem mittleren Raum und sind der Länge und

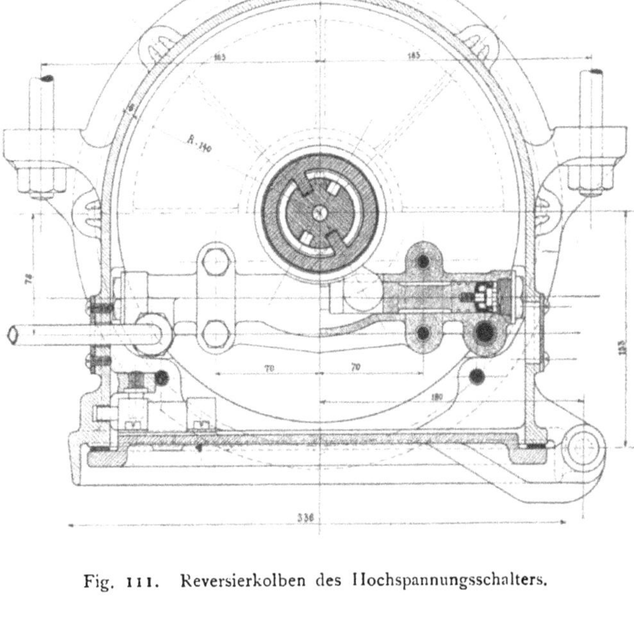

Fig. 111. Reversierkolben des Hochspannungsschalters.

Form nach verschieden. Die zu den drei Phasen gehörenden Bleche sind in abwechselnder Folge aufgehängt und gegeneinander durch Porzellanisolatoren isoliert. Ein an beiden Seiten des Gefäßes angeordnetes, mit Kühlrippen versehenes Rohrsystem sorgt dafür, daß das beim Anlassen erwärmte Wasser wirksam abgekühlt wird. Die Rheostaten sind an den zwei Enden der Lokomotive montiert und, wie aus Fig. 1

Fig. 112. Rheostatkopf des Wasserwiderstandes der neuen Veltlinlokomotiven von Ganz & Co., Budapest.

und 107 ersichtlich ist, wurde auch bei dem Blechgehäuse des Lokomotivkastens durch geöffnete Kühlrippen für einen kühlenden Luftzug gesorgt.

Der Rheostatkopf ist in Fig. 112 und 113 dargestellt. Die Regulierung erfolgt durch die Differentialwirkung eines in den sekundären Teil der Motoren geschalteten Elektromagnets, sowie durch den Luftdruck, der infolge der

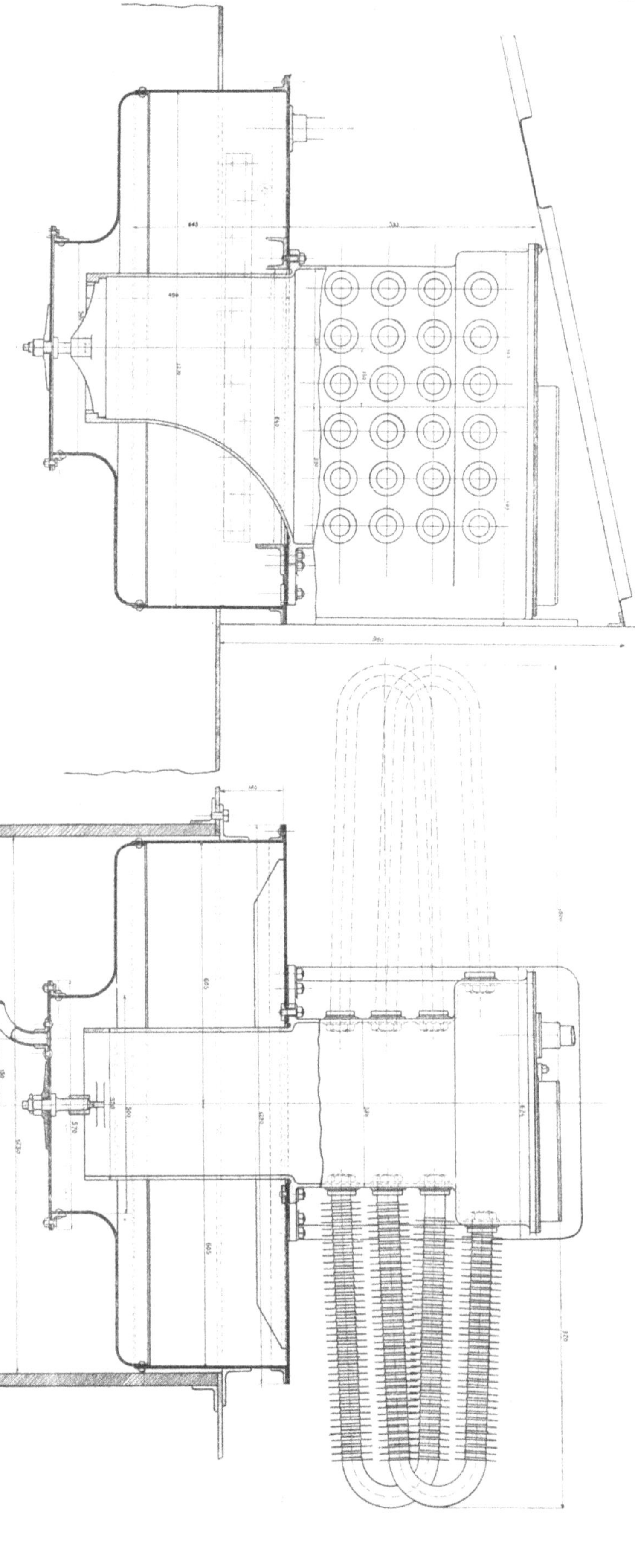

Fig. 113. Wasserwiderstand der neuen elektrischen Lokomotiven der Veltlinbahn.

durch das Regulierventil des pneumatischen Fahrschalters einströmenden Luftmenge verursacht wird, und zwar so, daß jedem durch diese Luftmenge verursachten Luftdrucke oder jeder Stellung des Anlaßhebels des pneumatischen Fahrschalters eine gewisse Anlaßstromstärke entspricht.

Fig. 114. Wasserwiderstand der neuen elektrischen Veltlinlokomotiven von Ganz & Co.

*K* Kurzschliefser. *R* Kühlrippen aus Schweifseisen. *S* Steuerventil.

Zustand des Rheostatkopfes, wenn ausgeschaltet: Durch den Schwimmer des Wasserrheostaten wird der Hebelarm $M$ (auf der Welle $b$) bewegt (Fig. 115); falls das Wasserniveau im Blechraum des Rheostaten niedrig ist, steht der Hebelarm des Schwimmers in der punktierten Stellung und hält das Ventil $T$ offen, so daß der Wasserraum des Rheostaten mit dem Raume $W$ unter der kleineren Membran in Verbindung steht, die Ventile $P$ und $N$ sind durch eine Feder niedergedrückt, die zwei Membranen befinden sich in normalem Zustande, der Anker des Elektromagnets $f$ übt durch seine Auflageflächen $g$ keinen Druck aus, da kein Strom im sekundären Teil des Motors fließt. Nachdem im Raume $C$ kein Luftdruck vorhanden ist, wird durch die Feder $R_1$ das Ventil $H$ gehoben und der Kolben $D$ in die oberste Stelle geschoben, der Wasserraum kommuniziert daher durch den Raum $F$, Ventil $H$ und Raum $E$ mit der freien Luft. Die Ventile $L$, $N_1$ und $R$ sind durch die entsprechende Feder geschlossen gehalten. Rohr $A$ bildet die Verbindung mit dem Anlaßventil, Rohr $B$ mit dem Regulierventil des Druckluftfahrschalters.

Wenn der Anlaßhebel des Fahrschalters in die erste Stellung gestellt wird, kommt durch das Regulierventil komprimierte Luft in das Rohr $A$ und Raum $C$, der Druck genügt, um den Kolben $D$ und damit auch das Ventil $H$ herunterzudrücken und daher den Wasserraum von der freien Luft abzusperren, genügt jedoch nicht, um das Ventil $N$ gegen die Kraft der Feder $s$ aufzuheben. Der Rheostat wird daher noch nicht eingeschaltet.

Wenn man den Anlaßhebel weiter bewegt, kommt auch das Regulierventil in Funktion, es läßt eine gewisse Menge Luft durch das Rohr $B$ in den Raum $Q$ zwischen den zwei Membranen hinein, und da die obere Membran eine größere Fläche hat, wird sie heraufgedrückt und

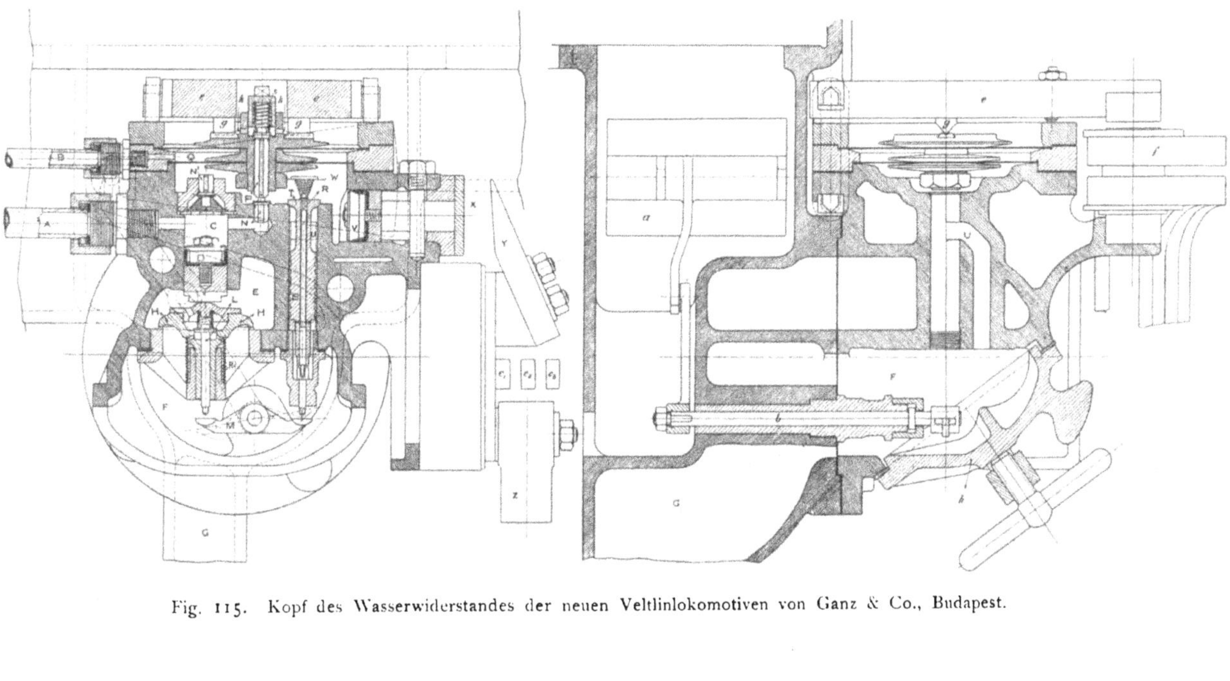

Fig. 115. Kopf des Wasserwiderstandes der neuen Veltlinlokomotiven von Ganz & Co., Budapest.

dadurch das Ventil $N$ von seinem Sitze abgehoben. Ventil $P$ bleibt geschlossen. Die Druckluft strömt nun durch das Ventil $N$ vom Raume $C$ in den Raum $W$ und von dort durch das infolge des Schwimmerarmes geöffnete Ventil $T$ in den Wasserraum. Das Wasser wird jetzt gehoben, es fängt an, ein Strom im sekundären Teile des Motors zu fließen, der Anker des Elekromagnets wird immer mehr angezogen, bis endlich mit wachsender Stromstärke der Elektromagnet einen solchen Druck auf die obere Membran ausübt, daß sie zurückgebogen wird; das Ventil $N$ bewegt sich jetzt auch zurück, es wird weniger Luft zugelassen, bis endlich die Membran so weit zurückgedrückt wird, daß sich auch das Ventil $P$ öffnet und die Luft vom Raume $W$ durch die Öffnungen $K$ ins Freie hinausströmt. Die Stromstärke nimmt nun ab, da das Wasser weniger rasch oder gar nicht mehr gehoben wird, es vermindert sich die Wirkung des Elektromagneten, die Membran biegt sich wieder nach oben aus. Ventil $P$ wird geschlossen, Ventil $N$ immer mehr und mehr geöffnet und wieder mehr Luft dem Rheostaten zugelassen. Auf diese Weise erreicht man, daß zum Schlusse das Wasser so hoch steigt, daß der Arm $M$ des Schwimmers zurückfällt und das Ventil $T$ geschlossen wird; die Druckluft im Raume $W$ expandiert dann, schiebt den durch zwei starke Federn bei dem kleineren Druck noch zurückgehaltenen Kolben $V$ vorwärts und schließt mit dem Kurzschlußkontakte $X$ die drei Bürsten $Y$ des Kurzschließers.

Beim Ausschalten der Motoren wird der Anlaßhebel des Fahrschalters zurückgedreht, der Zustand des Rheostaten verändert sich jedoch nicht, solange nur Luft durch das Regulierventil und Rohr $B$ vom Raume $Q$ der Differentialmembrane herausgelassen wird. Erst wenn das Anlaßventil das Rohr und den Raum $C$ mit der freien Luft verbindet, fängt die Wirkung an, die zurückgebliebene Druckluft im Raum $W$ schließt das Ventil $N$, öffnet jedoch gleichzeitig das Rückschlagventil $N_1$, durch das auch von hier die Luft herausströmt. Bei einer verhältnismäßig geringen Luftdruckverminderung bewegt sich der Kolben $V$ des Kurzschließers zurück und hebt das Kurzschlußstück von den Bürsten $Y$ ab.

Aber auch der Kolben $C$ und mit ihm gleichzeitig das Ventil $H$ wird durch die Feder und den Luftdruck gedrückt, und sie bewegen sich nach aufwärts; dadurch kommt der Wasserraum mit dem Raume $E$ und daher mit dem Freien und auch mit dem Blechraum des Rheostaten in Verbindung, und das Wasser fällt rapid zurück.

Falls wegen Undichtigkeit während des eingeschalteten Zustandes der Wasserrheostat Luft verlieren würde, hebt der Hebelarm des Schwimmers das kleine Ventil $R$ im Ventil $T$, wodurch dieses entlastet und gehoben wird, so daß Druckluft nachströmen wird.

### Selbsttätiges Relais.

Wie aus Tafel V, Heft 5, ersichtlich, ist in die vom Anlaßventil des Fahrschalters zum Rheostatkopfe führende Luftleitung ein Apparat, das selbsttätige Relais, eingeschaltet, dessen Zweck ist, im Falle von Überlastungen die Motoren auszuschalten. Dies geschieht dadurch, daß der Apparat die Luft aus dem Rheostaten herausläßt und damit diesen ausschaltet. Fig. 116 zeigt die schematische Skizze dieses Apparates und Fig. 117 seine Photographie.

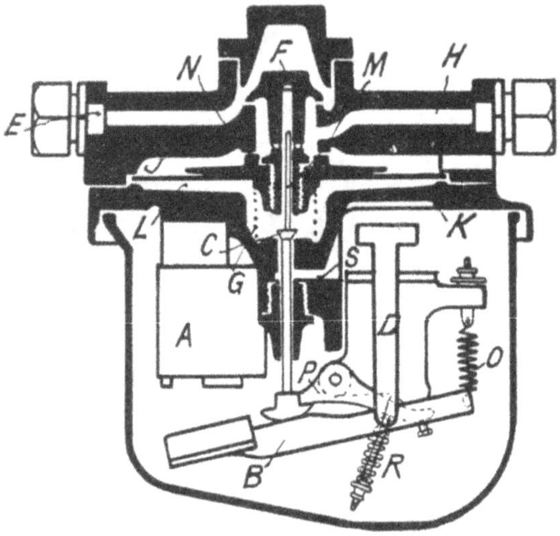


Fig. 116.

Fig. 117.

Maximalrelais der neuen Veltlinlokomotiven.

Im wesentlichen besteht der Apparat aus einem Elektromagnet $A$, der durch die Erdphase des Hauptstromkreises erregt wird. Falls die Stromstärke ihr Maximum erreicht, öffnet ein durch den Elektromagneten bewegter Hebelarm $B$ ein Ventil $C$ und bewirkt dadurch die Verbindung des Rheostatraumes mit der freien Luft. Der Apparat ist ein Zeitapparat, da ein Ölkatarakt $D$ die Bewegung des Hebelarmes bremst, so daß, falls die Stromstärke einer kleineren Überlastung entspricht, die Ausschaltung mehr Zeit in Anspruch nimmt als bei einer größeren Stromstärke, denn die Bremsung des Kataraktes hindert die kleinere magnetische Anzugskraft, länger den zum Ausschalten nötigen Weg zu beschreiben, als die größere.

Unter normalen Verhältnissen ist das Rohr $E$, das vom Fahrschalter kommt, durch das Ventil $F$, das durch die Feder $G$ gehoben wird, mit dem zum Rheostaten führenden Rohr $H$ verbunden. Der Raum $J$ oberhalb der Membran $K$ ist mit der freien Luft verbunden, wogegen der Raum $L$ unterhalb der Membran Druckluft durch die kleinen Öffnungen $M$ erhält; die Membran wird dadurch nach oben ausgebogen und das Ventil $N$ geschlossen gehalten. Die Feder $O$ wirkt der Anzugskraft des Elektromagneten entgegen. Da die Anzugskraft mit dem Quadrate der Entfernung des Ankers wächst und infolgedessen der Elektromagnet den Hebelarm zu schnell zu sich reißen würde, wird der Arm $P$ verwendet, der mit einer zylindrischen Fläche den Arm $B$ berührt, und der Elektromagnet kann erst dann in Wirkung treten, wenn die Anzugskraft genügend groß ist, um die Feder $R$ zusammenzudrücken. Dann wird durch den Arm $P$ das Ventil $C$ geöffnet, der Raum unter der Membran $L$ durch die Öffnung $S$ mit dem Freien verbunden. Dadurch wird sich die Membran nach unten ausbiegen, das Ventil $N$ sich öffnen, und das Rohr $H$, das zum Rheostat führt, wird mit dem Raume $J$ und demgemäß mit der freien Luft in Verbindung gebracht. Der Luftdruck im Rohre $E$ schließt auch das Ventil $F$, so daß keine Luft mehr nachströmen kann. — Wenn der Rheostat ausgeschaltet ist, kommt der Hebelarm und der Katarakt durch die Feder in die ursprüngliche Stellung zurück, da die Stromstärke sinkt; es muß jedoch zuerst auch das Rohr $E$ entleert werden, also der Fahrschalter in die Anfangsstellung zurückgebracht werden, bevor der Rheostat wieder eingeschaltet werden kann, weil sonst das Ventil $F$ gesperrt bleibt.

Wenn das Relais funktioniert hat, muß daher der Führer mit dem Führerschalter neuerdings anlassen.

Eine am Ende des Hebelarmes $P$ wirkende Einstellfeder ermöglicht es, die Stromstärke, bei der der Apparat zu funktionieren anfängt, nach Bedarf von Hand einzustellen.

### Umschaltventil zum Primärschalter.

Aus Tafel V, Heft 5, ist ersichtlich, daß in die Rohrleitungen, die vom Anlaßventil des Fahrschalters zu den Primärschaltern führen, je ein Umschaltventil eingeschaltet ist. Dieses Ventil erfüllt einen doppelten Zweck, erstens bewirkt es, daß das Ein- und Ausschalten nicht langsam, sondern plötzlich geschieht und daher die Kontaktkerzen nicht verbrennen, zweitens verzögert es das Ausschalten, so daß genügend Zeit bleibt, daß der Rheostat sich früher ausschaltet. Das Umschaltventil kann beim Einschalten nur durch einen gewissen Druck gegen eine Feder gehoben werden, daher muß die Druckluft sich zuerst in der Rohrleitung ansammeln. Wird nun das Ventil gehoben, so strömt die angesammelte Luft plötzlich unter den Kolben des Primärschalters, und die Einschaltung erfolgt momentan. — Beim Ausschalten wird die Luft gleichzeitig von den Rohrleitungen des Rheostaten und des Primärschalters herausgelassen, aber indem der Rheostat sofort ausgeschaltet wird, muß die Rohrleitung, die zum Primärschalter führt, sich zuerst bis zu einem gewissen Grade entleeren, da das Umschaltventil nur bei vermindertem Druck sich nach unten bewegt und den Raum des Einschaltkolbens des Primärschalters direkt mit der freien Luft verbindet und dadurch eine plötzliche Druckverminderung und momentanes Ausschalten hervorbringt.

Fig. 119. Selbsttätiger Schalter für den Luftpumpenmotor der neuen elektrischen Lokomotiven der Veltlinbahn.

Fig. 118. Motorluftpumpe der neuen Veltlinlokomotiven von Ganz & Co., Budapest (vgl. 1904, S. 271).

### Erzeugung der komprimierten Luft.

Wie aus dem elektrischen Schaltungsschema Tafel IV, Heft 5, ersichtlich ist, ist bei dem Verteilungskasten für zwei Abzweigungen gesorgt, die zu je einem kleinen Transformator führen. Von diesen ist vorläufig bloß einer eingebaut, da man zuerst versuchen will, ob ein Transformator und eine Luftpumpe für den Betrieb der Lokomotiven genügt; es ist jedoch, wie Fig. 106 zeigt, Platz für eine zweite Gruppe vorhanden.

Der Transformator, der ein Öltransformator von 5 KW Leistung ist, transformiert den Strom von 3000 Volt auf 110 Volt; mit dieser Spannung wird der Motor der Luftpumpe gespeist. Der Motor ist mit der Luftpumpe direkt gekuppelt; diese kann bei einer Drehzahl von 430 pro Minute 520 l atmosphärische Luft liefern. Die Luftpumpe arbeitet mit Schiebern und vollkommen geräuschlos[1]). Fig. 118 stellt diese Gruppe dar. Die komprimierte Luft wird von der Luftpumpe durch ein Rückschlagventil und einen Ölabscheider zum Luftbehälter (Tafel V, Heft 5) geführt. Es sind zwei Luftbehälter vorgesehen, und sie sind am Dache der Lokomotive angebracht; der eine liefert die Luft für die elektrischen Apparate, der andere für die Westinghouse-Bremse. Sie sind unter Zwischenschaltung eines Rückschlagventils miteinander verbunden.

Die Einschaltung des Motors der Luftpumpe geschieht durch einen selbsttätigen Schalter, der durch die Druckluft des Behälters betätigt wird und, je nachdem der Druck abnimmt oder über 6 Atm. steigt, ein- oder ausgeschaltet wird. Fig. 119 stellt diesen Ausschalter dar. Er besitzt Kohlekontakte; die Unterbrechung jeder Phase erfolgt an zwei Stellen. Wenn der Druck über eine gewisse Grenze steigt, läßt eine Membran Druckluft unter den Kolben eines Zylinders, die Feder, die den Kolben herunterdrückt, wird hinaufgedrückt, und dadurch werden die Kohlekontakte abgehoben. Vermindert sich der Druck im Luftbehälter, so läßt die Membran die Luft unter dem Kolben heraus, die Feder schiebt ihn zurück, und die Kohlen schließen den Schalter.

Ein dreipoliger Handumschalter dient dazu, die Pumpe auch mit der Hand einschalten zu können, falls der selbsttätige Schalter versagt.

Eine kleine Luftpumpe ermöglicht das Aufpumpen des Behälters bei Beginn des Betriebes, damit die Stromabnehmer hinaufgelassen werden können und die Lokomotive Strom erhalten kann.

### Andere Ausrüstungsteile.

Beide Führerstände sind mit einem Spannungszeiger, Stromzeiger und Manometer versehen. Die Signalpfeife wird mit Luft betätigt, ebenso die Sandstreuer, die nach dem System Brüggemann gebaut sind.

Die Lokomotiven sind mit einer Handbremse und einer selbsttätigen Westinghouse-Bremse ausgerüstet. Zur Betätigung der ersteren dient ein Handrad, zur Betätigung der Luftdruckbremse ein Bremsventil an jedem Führerstande. Es werden nur die sechs Triebräder, und zwar von beiden Seiten gebremst.

### Elektrische Ausrüstung der dritten Lokomotive.

Zwei der gelieferten Lokomotiven sind von gleicher Ausführung, die dritte unterscheidet sich von den beiden dadurch, daß sie versuchsweise anstatt mit Wasserrheostaten mit metallischen Widerständen ausgerüstet ist. Dementsprechend sind auch die Führerschalter und der zur Betätigung des Widerstandes dienende Apparat anders ausgeführt. Im übrigen ist die Ausrüstung dieser Lokomotive dieselbe wie die der anderen zwei.

Tafel IX stellt das pneumatische Schaltungsschema dar. Aus ihm ist auch das Schema des Fahrschalters ersichtlich, der in Fig. 161 abgebildet ist. Der Fahrschalter hat dieselben zwei kleineren Hebel, wie der oben beschriebene, für die zwei anderen Lokomotiven vorgesehene Fahrschalter, d. h. zur Betätigung des Umsteuerungs- und Geschwindigkeitsumschaltventils; auch die Arbeitsweise ist die gleiche. Der dritte, der Anlaßhebel, ist durch ein Handrad (vgl. Fig. 161) ersetzt, das das Anlassen durch Betätigung eines pneumatischen Anlaßventils sowie die Regulierung durch mechanische Betätigung des Widerstandschalters besorgt. — Das Handrad sitzt lose an der Welle des Apparates und treibt mittels Planetenräder, die sich im Gehäuse *G* (Fig. 161) befinden, einerseits den drehbaren, äußeren Zylinder, anderseits die Welle an. Wenn man das Rad anfängt zu drehen, rotiert zuerst der äußere Zylinder und betätigt durch ein Zahnsegment das Anlaßventil, wodurch Druckluft den Primärschaltern zugelassen wird. Der äußere Zylinder kann sich nun nicht weiter bewegen, dagegen kann sich durch die Verdrehung des Anlaßventils die vorher stehen gebliebene Welle des Apparates drehen und mittels Ketten den Schalter des Widerstandes bewegen und die einzelnen Abstufungen der Reihe nach einschalten, bis endlich der ganze Widerstand kurzgeschlossen ist. Die Widerstandschalter beider Motorgruppen werden gleichzeitig bewegt. Die zwei Fahrschalter sind in derselben Weise kombiniert, wie die bei den beiden anderen, oben beschriebenen Lokomotiven, so daß auf einmal nur ein Fahrschalter betätigt werden kann. Die zwei kleinen Hebel und das Handrad sind zwangläufig verbunden, so daß das Handrad nur dann bewegt werden kann, wenn beide Hebel sich in Endstellung befinden, während diese nur dann umgestellt werden können, wenn sich das Handrad in der Anfangsstellung befindet.

Die Widerstandschalter (siehe Fig. 162) bestehen aus sechs Ringen von Kontakten, die, voneinander isoliert, mit den sekundären Motorklemmen einerseits und mit den einzelnen Abstufungen der Widerstände anderseits verbunden sind; auf einer vertikalen Welle, die von unten mittels einer Kettenscheibe vom Fahrschalter betätigt wird, sind Kontaktmesser angeordnet, die mit der Weiterdrehung der Welle die Widerstände stufenweise ausschalten.

Fig. 161. Fahrschalter der dritten neuen elektrischen Lokomotive der Veltlinbahn von Ganz & Co., Budapest.
*R* Handrad. *G* Gehäuse für das Planetengetriebe.

[1]) Siehe »Elektrische Bahnen«, Jahrgang 1904, Seite 271.

bis in der letzten Stellung die Sekundärklemmen der Motoren kurzgeschlossen werden.

Die Widerstände selbst befinden sich an den zwei Enden der Lokomotive; sie bestehen aus Metallbändern von Neusilber und sind aus einzelnen Elementen zusammengebaut (siehe Fig. 163). Die Regulierung geschieht natürlich stufenweise, auch entspricht nicht mehr jeder Stelle des Anlaßhebels eine konstante Stromstärke wie bei den oben beschriebenen beiden anderen Lokomotiven, sondern eine gewisse Rheostatstufe, und der Führer muß die gewünschte Stromstärke unter Beobachtung des Stromzeigers durch fortwährende Regulierung einstellen.

Das selbsttätige Relais ist ebenso ausgeführt wie bei den übrigen Lokomotiven und bewerkstelligt auch hier das Ausschalten der Widerstände; zu diesem Zwecke ist am oberen Deckel des Widerstandschalters (siehe Fig. 162 und Tafel IX) ein Luftzylinder C mit Doppelkolben angebracht, der mittels einer Zahnstange und eines Zahnrades die Welle des Schalters bewegen kann. Die eine Seite des Doppelkolbens ist mit dem Anlaßventil des Fahrschalters, die andere Seite mit dem selbsttätigen Relais verbunden. Unter normalen Verhältnissen herrscht an beiden Seiten derselbe Druck, und die Welle des Schalters kann frei bewegt werden. Wenn das Relais in Tätigkeit tritt, läßt es Luft von der einen Seite heraus, und der Überdruck auf der anderen Seite bewirkt das Ausschalten des Schalters. Gleichzeitig wird infolge der Verbindung durch Kette und Kettenräder auch das Handrad

Fig. 162. Schalter für den Metallwiderstand der dritten neuen elektrischen Lokomotive der Veltlinbahn von Ganz & Co., Budapest.

C Druckluftzylinder zum Ausschalten der Widerstände, betätigt durch den Maximalausschalter. Ch Welle mit Gelenken für die Kontaktbürsten. W Welle mit den Kontaktmessern.

Fig. 163. Anlaßwiderstand aus Metallbändern für die dritte neue Veltlinlokomotive von Ganz & Co., Budapest. (N Neusilberbänder.)

Fig. 164. Güterzug.

des Fahrschalters in die Anfangsstellung zurückgebracht. Damit der Führer dabei nicht beschädigt wird, ist dieses vollkommen glatt und vollgegossen ausgeführt.

### Betrieb der neuen Lokomotiven.

Die drei Lokomotiven wurden im Frühjahr 1904 geliefert und dienen teilweise zur Beförderung von Personenzügen, teilweise von Güterzügen. Sie arbeiteten vom Beginn ihres Betriebes an anstandslos. Es ist charakteristisch, daß die erste Lokomotive erst einen Monat nach Inbetriebsetzung behufs Revision für einen Tag aus dem Betriebe herausgenommen wurde.

Alle drei Lokomotiven stehen jetzt in normalem Betrieb und befördern Personenzüge von 250, Lastzüge von 400 t Gesamtgewicht. Bei den Abnahmeversuchen wurden die Lokomotiven eingehend geprüft, und es ist bewiesen worden, daß sämtliche eingegangenen und eingangs erwähnten Garantiebedingungen eingehalten wurden.

Herr Professor Arno, der an der Kollaudierungs-Kommission teilnahm, erklärte auch im Namen seiner Kollegen, daß die heute erlangten Ergebnisse einen wahrhaft bewunderungswürdigen Fortschritt bedeuten

Fig. 165. Personenzug.

Druck von R. Oldenbourg in München.

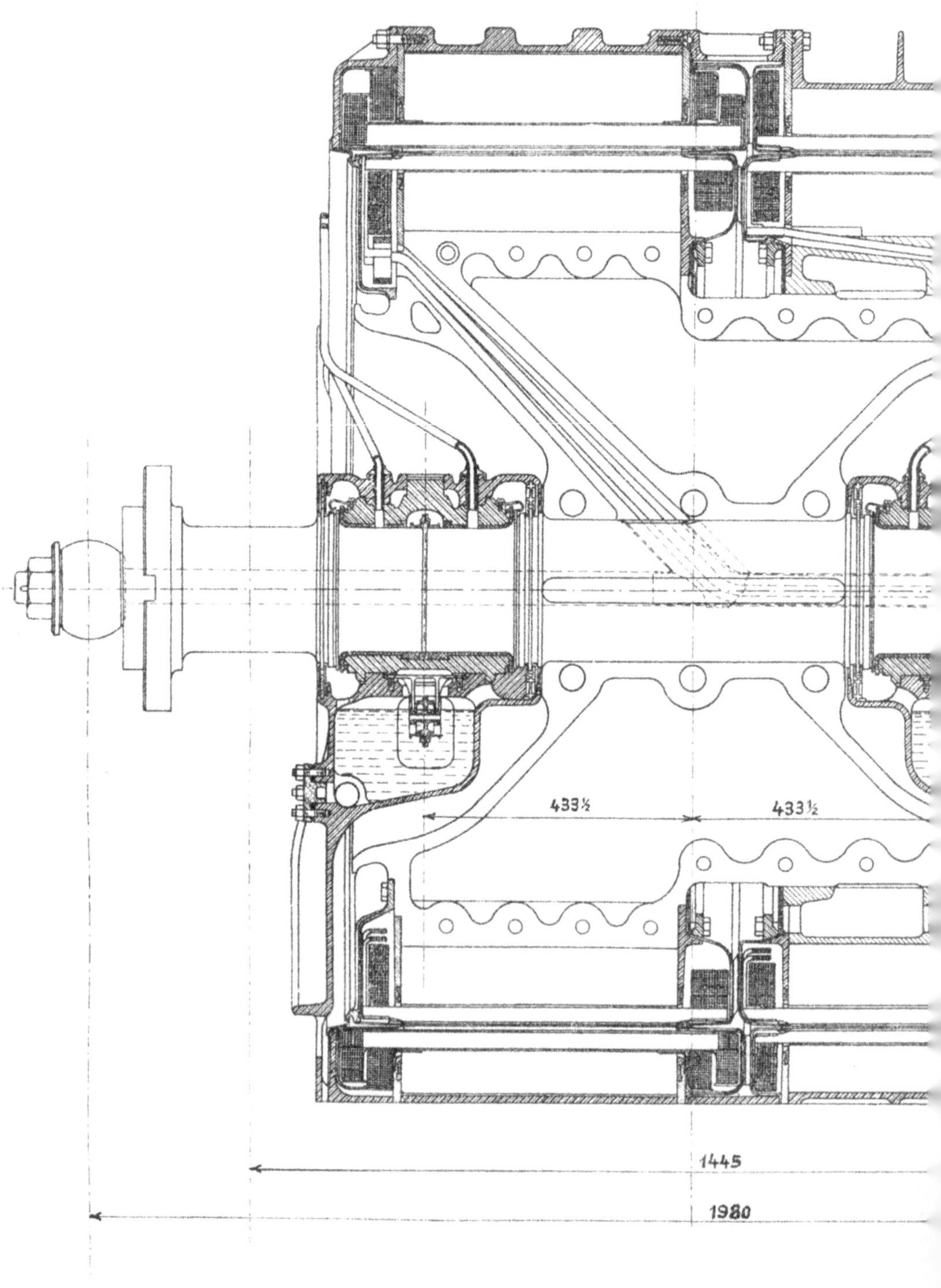
433½
433½
1445
1980

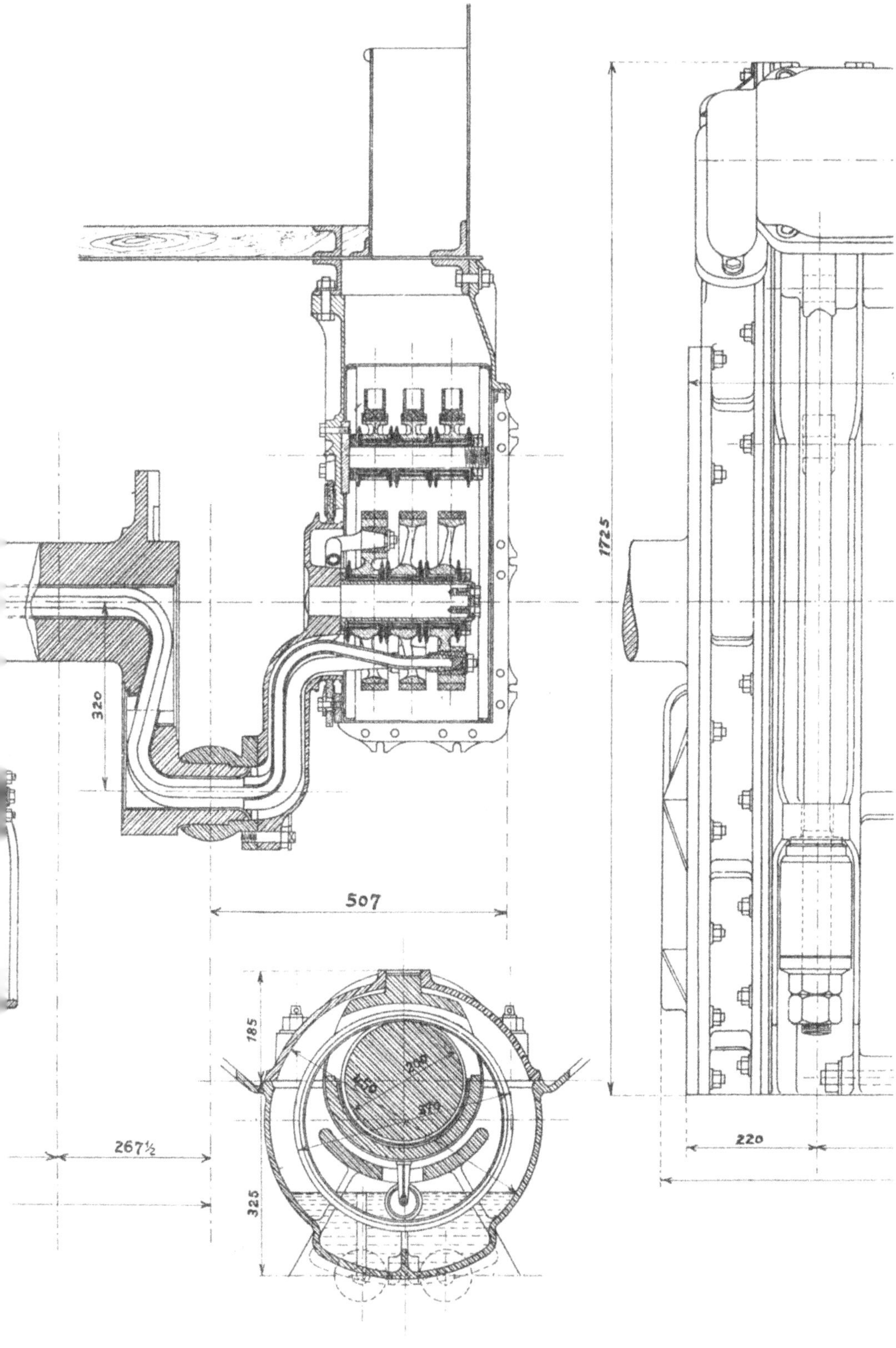


Doppelmotor der neuen Veltlinlokon

Polzahl 8; minutliche Drehzahl bei Einmotorsc

**Lokomotiven der Veltlinbahn.**

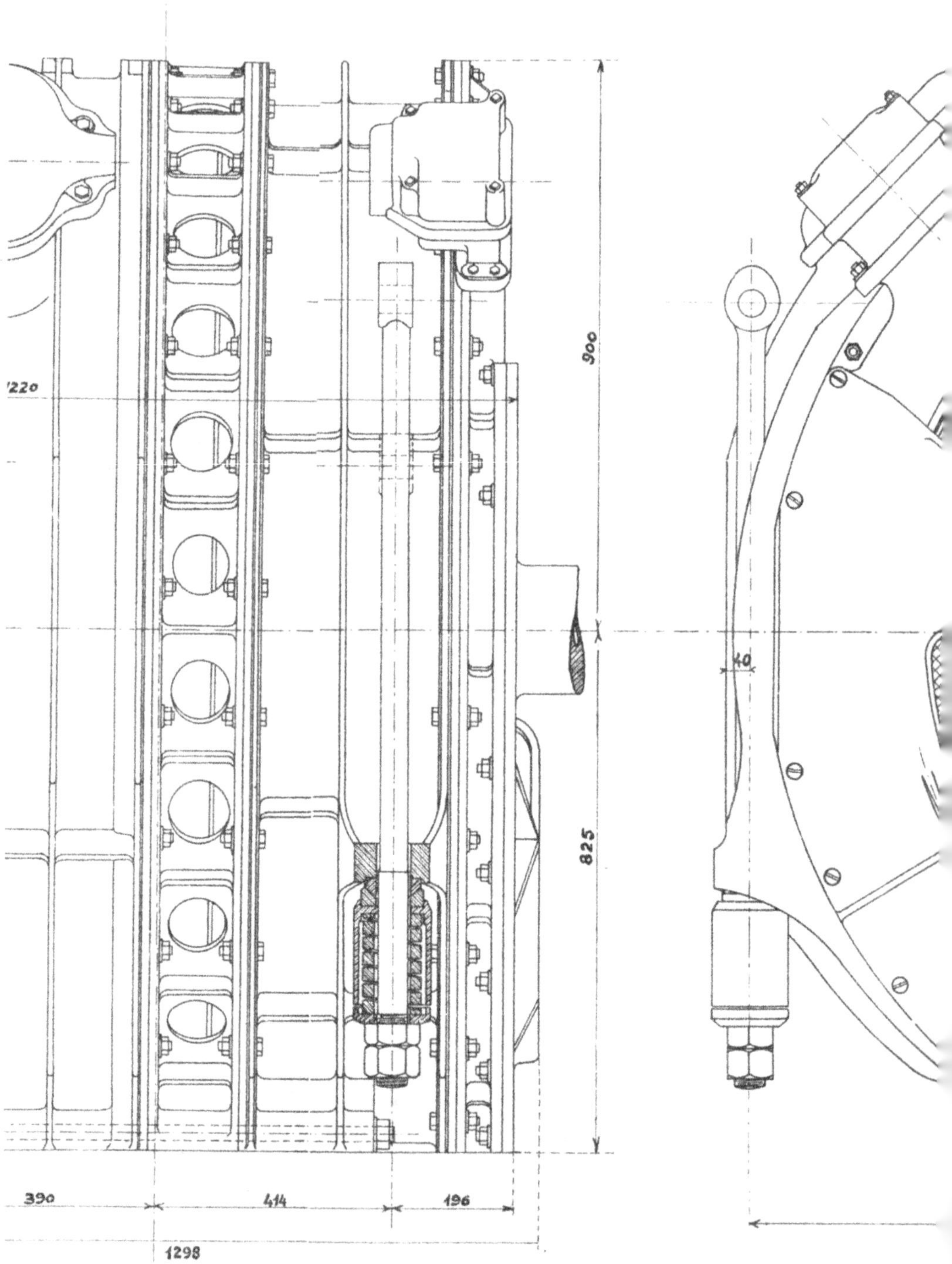


ıotiven von Ganz & Co., Budapest.

haltung 225, bei Kaskadenschaltung 112,5.

Tafel II.

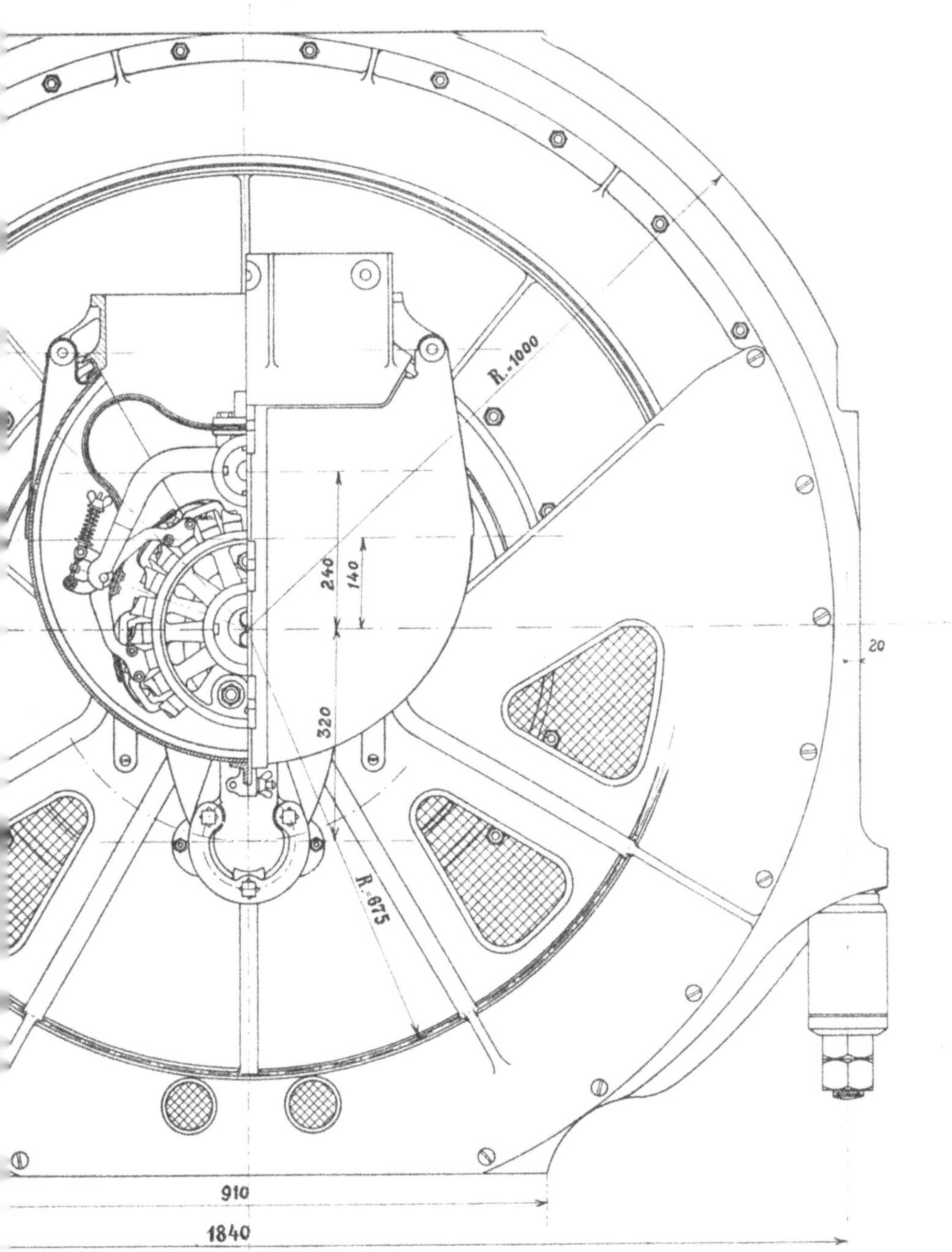


Verlag von R. Oldenbourg, München u. Berlin.

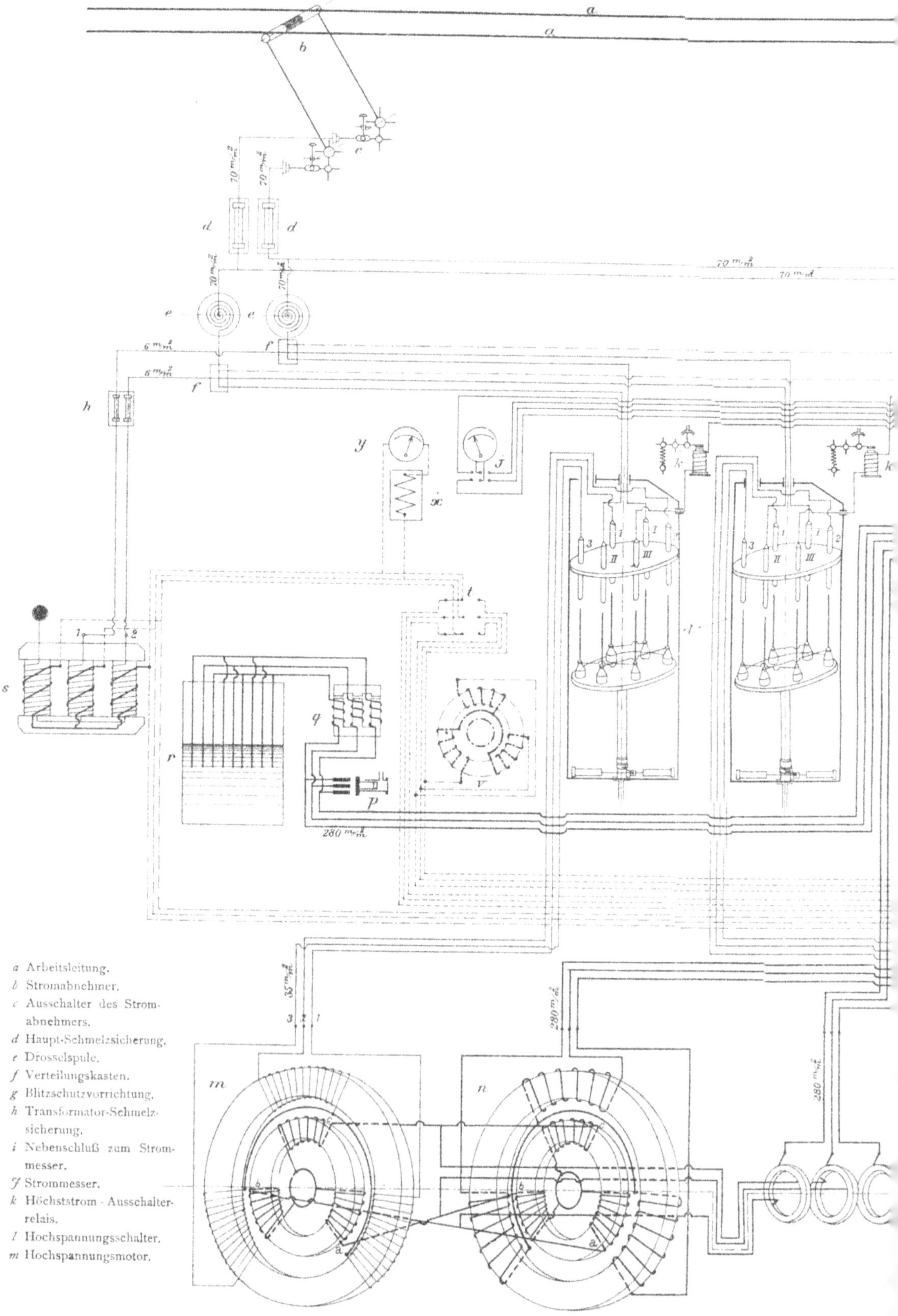


*a* Arbeitsleitung.
*b* Stromabnehmer.
*c* Ausschalter des Stromabnehmers.
*d* Haupt-Schmelzsicherung.
*e* Drosselspule.
*f* Verteilungskasten.
*g* Blitzschutzvorrichtung.
*h* Transformator-Schmelzsicherung.
*i* Nebenschluß zum Strommesser.
*J* Strommesser.
*k* Höchststrom - Ausschalterrelais.
*l* Hochspannungsschalter.
*m* Hochspannungsmotor.

Schema der Luftrohrleitungen der r

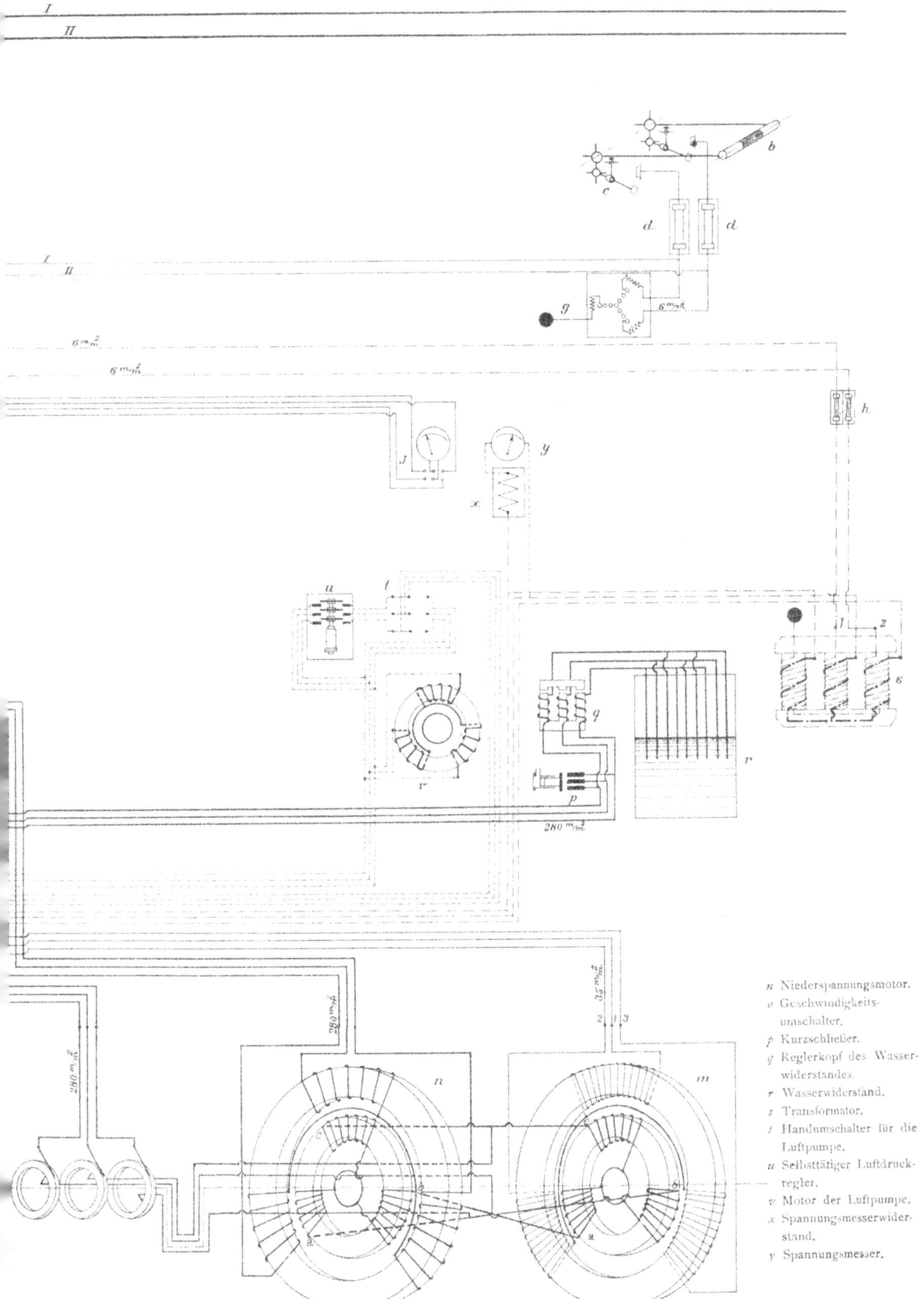


*n* Niederspannungsmotor.
*o* Geschwindigkeitsumschalter.
*p* Kurzschließer.
*q* Reglerkopf des Wasserwiderstandes.
*r* Wasserwiderstand.
*s* Transformator.
*t* Handumschalter für die Luftpumpe.
*u* Selbsttätiger Luftdruckregler.
*v* Motor der Luftpumpe.
*x* Spannungsmesserwiderstand.
*y* Spannungsmesser.

komotiven von Ganz & Co., Budapest.

Verlag von R. Oldenbourg, München u. Berlin.

**Valatin, Die neuen elektri**

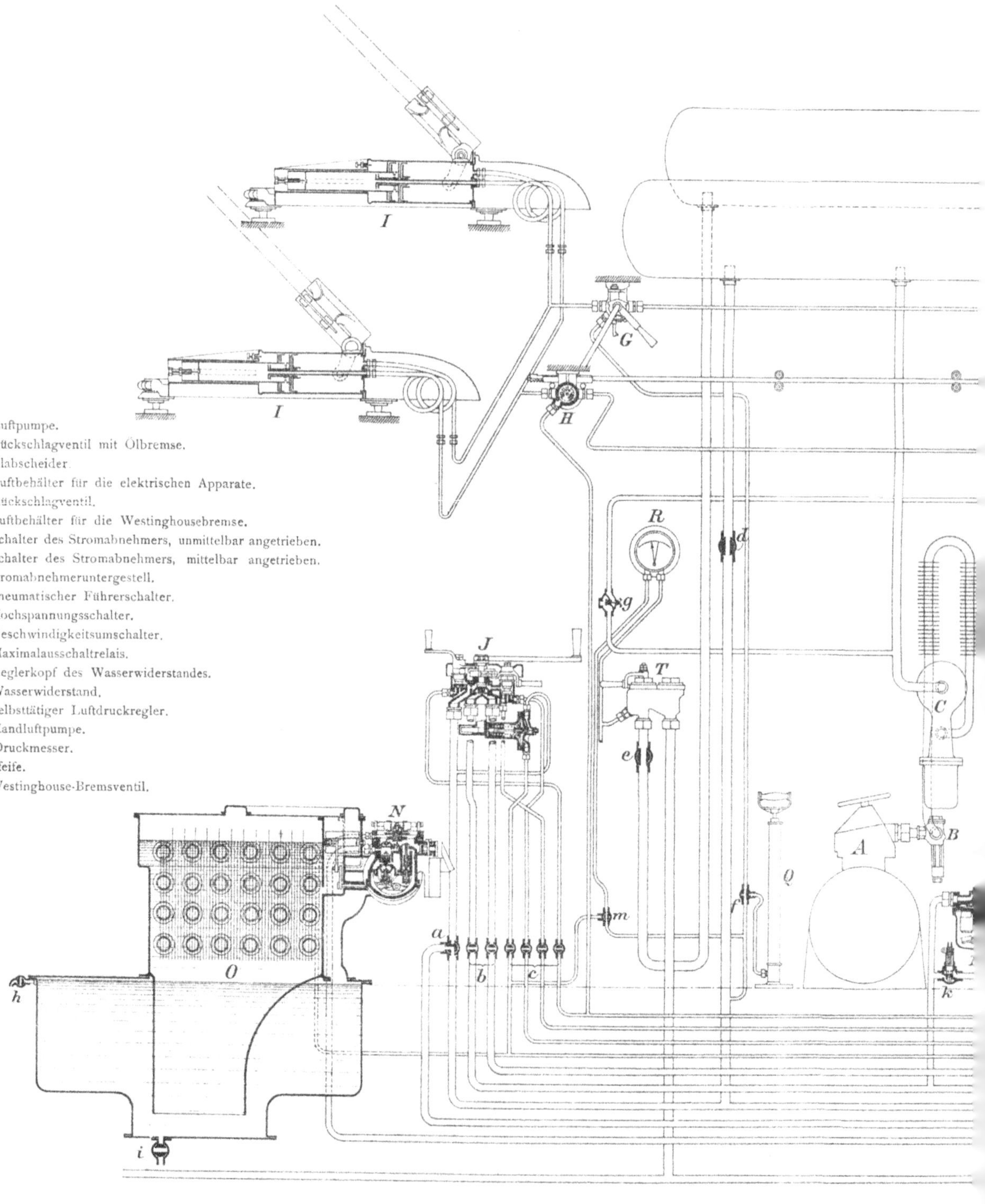


*A* Luftpumpe.
*B* Rückschlagventil mit Ölbremse.
*C* Ölabscheider.
*D* Luftbehälter für die elektrischen Apparate.
*E* Rückschlagventil.
*F* Luftbehälter für die Westinghousebremse.
*G* Schalter des Stromabnehmers, unmittelbar angetrieben.
*H* Schalter des Stromabnehmers, mittelbar angetrieben.
*I* Stromabnehmeruntergestell.
*J* Pneumatischer Führerschalter.
*K* Hochspannungsschalter.
*L* Geschwindigkeitsumschalter.
*M* Maximalausschaltrelais.
*N* Reglerkopf des Wasserwiderstandes.
*O* Wasserwiderstand.
*P* Selbsttätiger Luftdruckregler.
*Q* Handluftpumpe.
*R* Druckmesser.
*S* Pfeife.
*T* Westinghouse-Bremsventil.

Schema der Luftrohrleitungen der ne

Tafel V.

# motiven der Veltlinbahn.

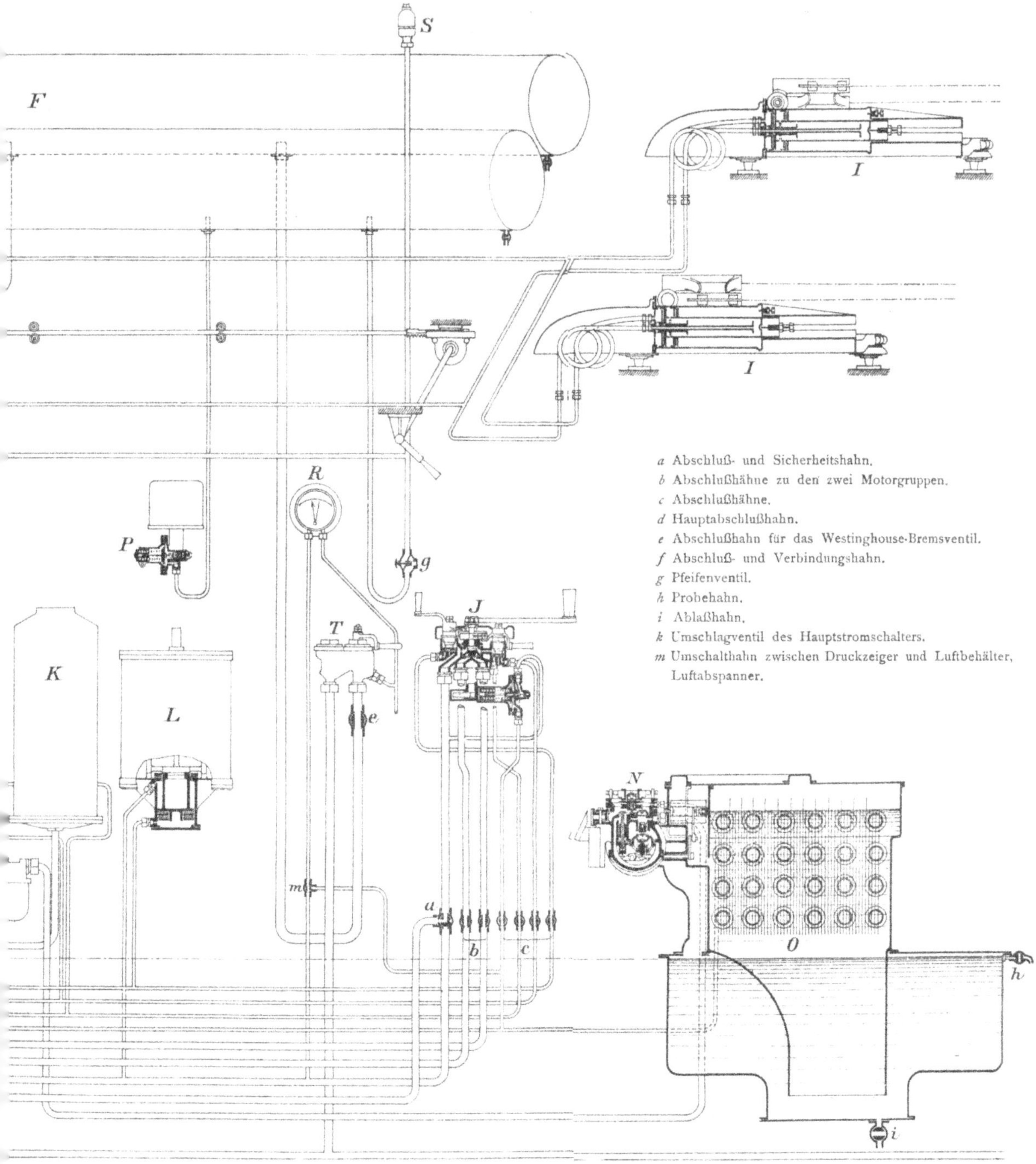


*a* Abschluß- und Sicherheitshahn.
*b* Abschlußhähne zu den zwei Motorgruppen.
*c* Abschlußhähne.
*d* Hauptabschlußhahn.
*e* Abschlußhahn für das Westinghouse-Bremsventil.
*f* Abschluß- und Verbindungshahn.
*g* Pfeifenventil.
*h* Probehahn.
*i* Ablaßhahn.
*k* Umschlagventil des Hauptstromschalters.
*m* Umschalthahn zwischen Druckzeiger und Luftbehälter, Luftabspanner.

omotiven von Ganz & Co., Budapest.

Verlag von R. Oldenbourg, München u. Berlin.

**Valatin, Die neuen elekt**

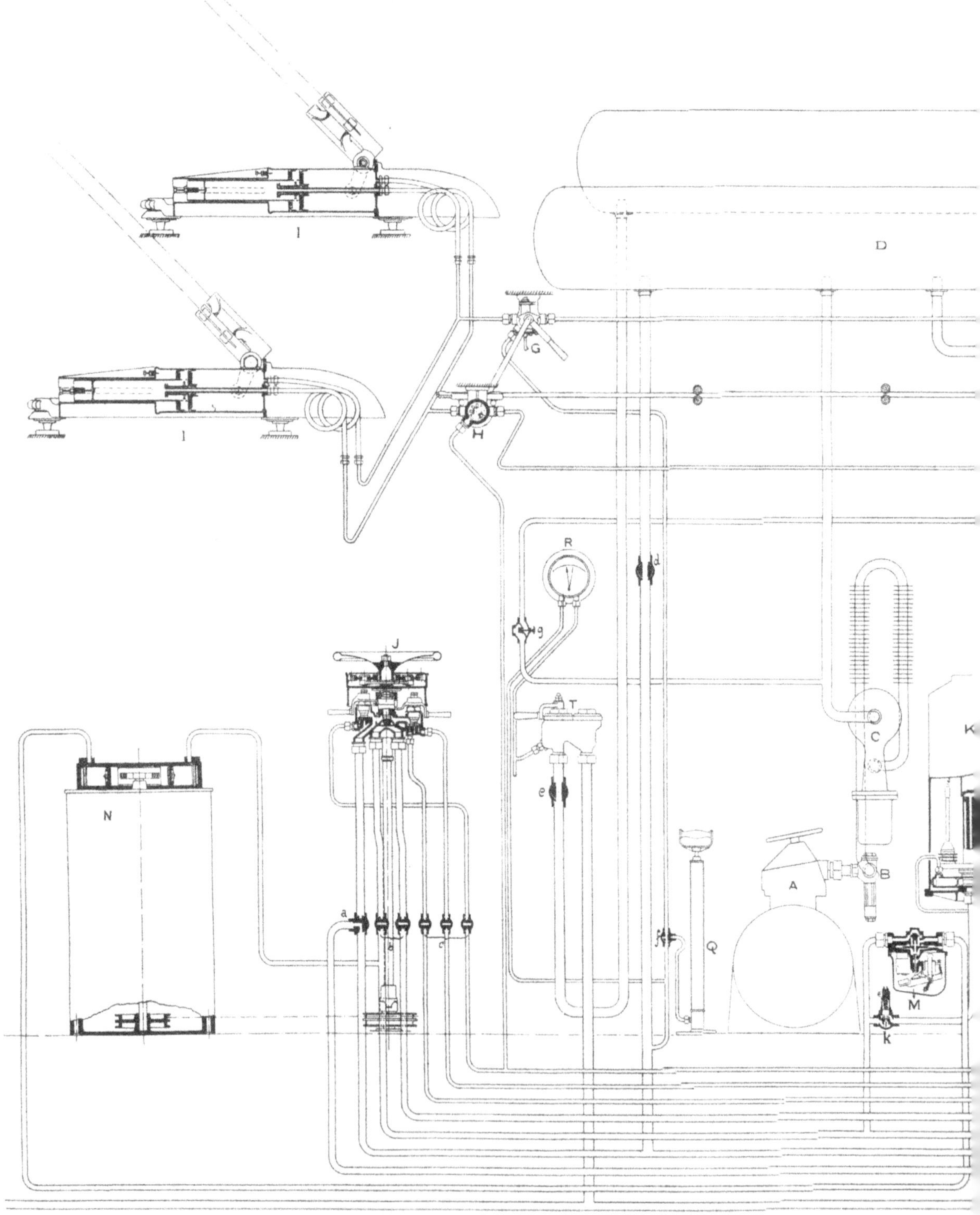


Schema der Luftrohrleitungen der dritten neuen el

*A* Motorluftpumpe.
*B* Rückschlagventil mit Ölbremse.
*C* Ölabscheider.
*D* Luftbehälter für die elektr. Apparate.
*E* Rückschlagventil.
*F* Luftbehälter für die Westinghousebremse.
*G* Regulierventil des Stromabnehmers (direkt geku
*H* Regulierventil des Stromabnehmers (indirekt geku

Verlag v

# motiven der Veltlinbahn.

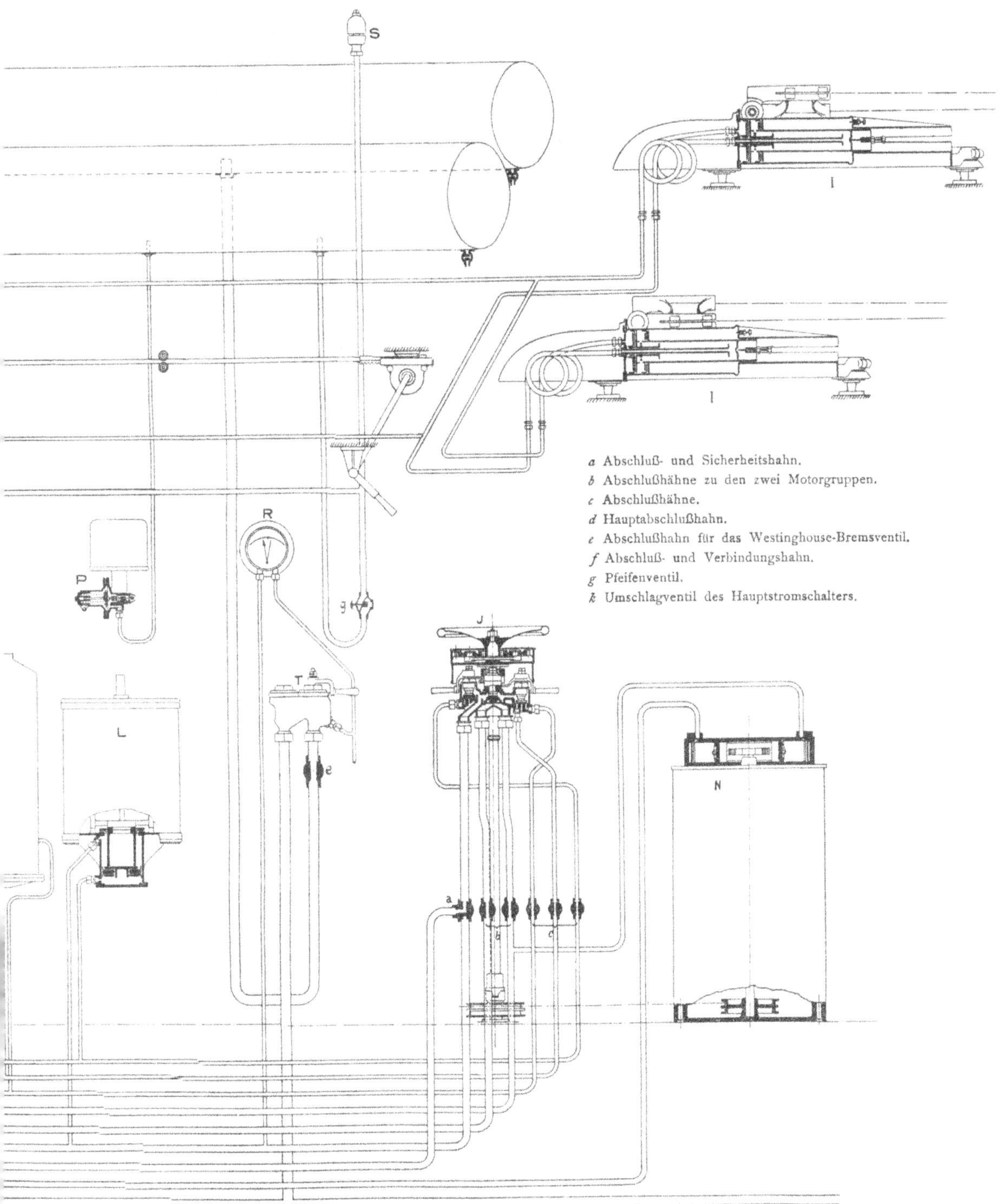


*a* Abschluß- und Sicherheitshahn.
*b* Abschlußhähne zu den zwei Motorgruppen.
*c* Abschlußhähne.
*d* Hauptabschlußhahn.
*e* Abschlußhahn für das Westinghouse-Bremsventil.
*f* Abschluß- und Verbindungshahn.
*g* Pfeifenventil.
*h* Umschlagventil des Hauptstromschalters.

komotive der Veltlinbahn von Ganz & Co., Budapest.

nehmer-Untergestell.
tischer Führerschalter.
chalter.
ndigkeits-Umschalter.

*M* Maximalrelais.
*N* Schalter für den Metallwiderstand.
*P* Luftdruckregler.
*Q* Handluftpumpe.

*R* Manometer.
*S* Pfeife.
*T* Westinghouse-Bremsventil.

en u. Berlin.

www.ingramcontent.com/pod-product-compliance
Lightning Source LLC
LaVergne TN
LVHW081350011026
849161LV00013BB/3047